输电线路地线直流融冰技术与应用

 徐望圣 严国志 编著

WUHAN UNIVERSITY PRESS
武汉大学出版社

图书在版编目(CIP)数据

输电线路地线直流融冰技术与应用/徐望圣,严国志编著. —武汉:武汉大学出版社,2015.5

ISBN 978-7-307-15365-3

Ⅰ.输… Ⅱ.①徐… ②严… Ⅲ.输电线路—冰害—灾害防治 Ⅳ.TM726

中国版本图书馆 CIP 数据核字(2015)第 042465 号

责任编辑:李汉保　　责任校对:李孟潇　　版式设计:马　佳

出版发行:**武汉大学出版社**　　(430072　武昌　珞珈山)
　　　　　(电子邮件:cbs22@ whu.edu.cn 网址:www.wdp.com.cn)
印刷:武汉中远印务有限公司
开本:787×1092　1/16　印张:10.5　字数:242 千字　插页:1
版次:2015 年 5 月第 1 版　　2015 年 5 月第 1 次印刷
ISBN 978-7-307-15365-3　　定价:39.00 元

编撰委员会

主任　徐望圣　严国志

编委　杨泽明　尚　涛　周文俊

　　　　田应富　陆　岩　李　三

内 容 简 介

本书依托中国南方电网有限责任公司超高压输电公司输电线路直流融冰运行实践及相关科研项目成果，通过对国内外现有融冰技术的原理和装置及应用情况的全面调研以及分析研究的基础上编写而成。全书主要介绍了输电线路覆冰的危害、分类、等级；电流融冰原理及数学模型；临界融冰电流，融冰时间，最大融冰电流，最大融冰长度，融冰影响因素；直流融冰装置及其融冰方法，利用换流站装置的直流融冰方法，交流、直流融冰方法比较；地线融冰的特殊性，地线全绝缘对线路的影响，融冰时地线绝缘间隙的选择，地线融冰接线方式；地线融冰自动接线及装置；OPGW 地线融冰，OPGW 温度特性，融冰通流温升对 OPGW 的影响；地线融冰实例等。本书内容翔实、图文并茂，理论分析、实验研究及工程应用全面深入，反映了输电线路地线直流融冰最新技术成果，具有很强的实用性和指导性。

本书可以作为高等学校相关专业本科生、研究生的教材，也可以供高等学校教师以及从事输电线路融冰技术研究、设计、运行、维护等方面的专业技术人员和管理人员阅读参考。

前　言

改革开放以来，我国电力工业一直保持着快速发展。目前，我国已形成由东北、西北、华北、华东、华中和南方电网互联的大区域电网，基本实现"西电东送、南北互供、全国联网"的发展格局。

电力系统是国家建设的基础，是国民经济的命脉。然而，近年来各类灾害气候如冰灾、地震、洪水、山火等频繁发生，给电力系统安全稳定运行造成了巨大威胁。在电力系统遭受的各种自然灾害中，冰灾是电力系统最为严重的灾害之一。与其他事故相比较，冰灾给电网造成的损失往往更为严重。受大气候、微地形、微气象条件的影响，又因为发生冰灾事故时往往天气恶劣、冰雪封山、交通受阻、通信中断、抢救十分困难，往往造成系统长时间停电，给工农业生产及人民生活造成严重影响，经济损失惨重。电力系统在工程运行中如何应对电网覆冰带来的危害，成为一项重要的课题。

为抵御低温雨雪冰冻灾害，自2008年以来，中国南方电网超高压输电公司开展了多项融冰技术项目研究，多次开展地线直流融冰，对重冰区的线路及地线进行了加固、改造。同时为了满足地线在覆冰条件下的融冰需求，开展了地线绝缘改造，利用绝缘子和间隙将地线与杆塔绝缘隔离。完成了500kV线路地线（OPGW）全绝缘节能降耗与融冰技术研究与实施，地线融冰自动接线装置研制等课题。输电线路相导线融冰技术的研究和应用已较为普遍，但对于地线融冰技术的研究和应用还相对滞后。为促进输电线路融冰最新技术成果的推广应用，本书对中国南方电网超高压输电公司输电线路直流融冰相关科研项目成果进行总结，结合国内外现有融冰技术的原理和装置及应用情况进行全面调研及分析研究，力求反映输电线路地线直流融冰最新技术成果。

本书由中国南方电网有限责任公司超高压输电公司贵阳局和武汉大学电气工程学院联合编写，参加本书编写的人员为从事输电线路及融冰技术电网运行管理及研究方面的专业技术人员。本书由徐望圣、严国志主编，杨泽明、尚涛、周文俊、田应富、陆岩、李三参加编写。本书使用了众多的项目研究报告和相关的参考文献，他们的成果为本书的编写提供了丰富的资料。武汉大学出版社为本书的出版做了大量的工作。他们的辛勤付出得以使本书顺利出版。在此一并表示衷心的感谢！

输电线路地线直流融冰技术及应用涉及众多学科及领域，还有许多问题有待完善和解决，书中涉及的许多技术及应用方面的问题还可以有不同的解决方法及手段，限于作者水平及工作的局限，难免有不妥及错误，敬请读者批评指正。

作　者

2014 年 8 月

目　　录

第1章 概 述

改革开放以来，为适应经济快速发展，我国电力工业一直保持着快速发展，1987 年我国发电装机容量突破 1 亿千瓦，1995 年装机容量突破 2 亿千瓦，2005 年跨越了 5 亿千瓦大关，到 2010 年，我国装机总容量接近 10 亿千瓦。目前，我国已形成由东北、西北、华北、华东、华中和南方电网互联的大区域电网。

电力系统是国家建设的基础，是国民经济的命脉，随着国家经济的快速发展、居民生活水平的提高，现代社会要求电网提供优质可靠的电力供应。然而，近年来各类灾害气候（如冰灾、地震、洪水、山火等）的频繁发生，给电力系统的安全稳定运行带来了严重影响，在电力系统遭受的各种自然灾害中，冰灾是电力系统最为严重的灾害之一。与其他事故相比较，冰灾给电网造成的损失往往更为严重，轻则发生冰闪，重则造成倒塔（杆）、断线，甚至使电网瘫痪。电力系统在工程运行中如何应对电网覆冰带来的危害，成为一项重要的课题。

我国是世界上覆冰最为严重的国家之一，历史上曾经多次发生大规模的冰灾事故，覆冰对我国电力系统造成了非常严重的破坏，如图 1.1 所示。从 2008 年我国遭受严重冰雪灾害袭击之后，南方电网公司、国家电网公司及部分省市气象局加强了电网覆冰领域的研究力度，并取得了诸多成果，为电网防冰、减灾工作做出了巨大贡献。随着我国电网建设规模的不断扩大，输电线路将不断增加，面临冰雪灾害的挑战将会越来越严峻。因此，迫切需要不断加强对电网覆冰及防冰、融冰技术的深入研究，以确保电力系统在冰灾期间能够稳定运行，保证电力可靠供应。

图 1.1 输电线路覆冰

1.1 覆冰的危害

输电线路的覆冰涉及的学科众多，如大气科学、大气探测、地质学、水文学、信息科学、统计学和材料学等，需从大气候、地形地貌、微地形和微气象等角度对电网覆冰问题进行研究。虽然国内外对短期气象预报准确性已经有了很大提高，但仍没有可靠的理论和技术对长期的气象预报提供支撑，因而难以完成对电网覆冰规律的长期预测和中期预测。我国对输电线路覆冰的研究始于 20 世纪 50 年代，最早有记录的输电线路冰害事故出现在1954 年。近年来，覆冰事故的频繁发生，已经严重危及了我国电力系统的安全运行。以下是 1961 年至今我国发生的几次严重冰害事故。

云南省 1961—1989 年间在 35~220kV 输电线路上共发生了 101 次各种覆冰事故，其中断线事故 50 次，倒塔事故 16 次，永久接地短路事故 19 次。1961 年 1 月至 2 月，滇东北地区 4 条 35~110kV 输电线路因严重覆冰造成的线路故障跳闸和设备损坏共计 22 次。1974 年 2 月 8 日至 13 日，110kV 曲富线由于雨凇覆冰严重(达 80mm)，使 120~127 号杆塔线路倒塔 2 基，爆破压接管拉脱 6 处。

从 1984 年 1 月 18 日至 2 月 18 日的 32 天中，由于覆冰，贵州全省架空输电线路跳闸事故不断，最严重的一次覆冰使贵州电网解裂分为四块，即贵阳、都凯、六盘水、遵义地区，全省有 27.37% 的线路跳闸，共 131 条次，平均每天跳闸 4 次，系统内倒塔(杆)44基，断导线横担 23 处，断地线横担 30 处，断导线 150 处，断架空地线 101 处，导线断股141 处，杆塔产生严重形变、裂纹 28 基，导线地线在线夹处断股或抽出 11 处，U 形拉环损坏 3 处，共损坏线路 74 条、226.5km，直接经济损失 522 万元，农村用户线路倒杆7613 基，断横担 522 套，损坏线路 272 条、667km，直接经济损失达 432 万元。

1987 年 2 月 19 日至 21 日，鄂西钟祥境内中山口大跨越导线发生了第一次强烈的覆冰舞动，大跨越过江塔塔身可感摇晃，横担顺线摆动，金具响声很大。"姚孟电厂—双河变电站"、"双河变电站—凤凰山变电站"2 回 500kV 线路六相全部舞动，相导线舞动最大峰峰值达 10m，舞动造成大量金具、护线条损伤。相子导线中有三根辗压磨损。导线舞动时气温为 -19~-3℃，风速为 4~18m/s，风向西北偏北，导线上覆冰呈月牙形，最厚处冰为15mm，冰型为雨凇覆冰。

1988 年 12 月 25 日 0 时至 26 日 12 时，中山口大跨越线路发生了第二次强烈的覆冰舞动，导线舞动情况与 1987 年相当。导线持续舞动 16 小时后，原已受损的上相子导线断落江中，造成相间短路跳闸。第一次大舞动已受损的三根子导线再次磨损，导致一根子导线断裂，两根子导线严重受伤。当时气温 -19~-4.5℃，风速 8~18m/s，风向为北风偏西，月牙形冰最厚处 18mm，导线舞幅峰峰值为 10m，变化的舞动频率分别为 9.15 次/min、24次/min、42 次/min。

1990 年 1 月 29 日 14 时至 31 日 2 时，中山口大跨越导线发生了第三次大的覆冰舞动事故。这次事故中，由于预先采取了防舞动措施，安装了集中防振锤的外相没有舞动，但其余五相均发生舞动，舞动幅度最大峰峰值为 8m。其中，安装分布失谐摆和双摆稳定防舞器的三相中，1~3 个半波的舞动稍有削弱，高阶舞动受到抑制，当舞动伴随约 38°的扭转时,舞幅达最大值。当时气温为 $-8 \sim 1.5°C$,风速为 $2 \sim 18m/s$,风向为西北风,月牙形冰最厚处估计为 $15 \sim 23mm$,舞动频率为 15.6 次/min。

1991 年 12 月 24 日 6 时至 27 日 8 时,中山口大跨越发生了受到明显抑制的覆冰导线舞动。这次事故中,除采用防振锤防止舞动的上相发生了频率为 $18 \sim 21$ 次/min、最大峰峰值为 2m 的四个半波舞动外,其余五相都未发生舞动。但是,采用集中防振锤防止舞动的四相在跨越档中部的次档距子导线发生了频率为 84 次/min、峰峰值约为 0.5m 的鼓形振荡。

1992 年 10 月 3 日至 4 日,青海省龙羊峡至西宁的 2 回 330kV 输电线路在日月山口地段发生了覆冰倒杆塔 8 基的重大事故,直接经济损失 600 多万元。这次覆冰事故是西宁地区罕见的雨凇覆冰造成的。

1993 年 11 月 15 日 16 时至 19 日 10 时,中山口大跨越又一次发生了覆冰舞动。这次舞动时导线覆冰大大超过了历次舞动时的覆冰,2 回线路六相导线都出现了小舞动,最大峰峰值为 2.5m。次日上午风速稍减,舞动即停。当时气温 $-3 \sim 0°C$,风速 $8 \sim 16m/s$,月牙形覆冰最厚处为 $38 \sim 48mm$,导线舞动频率为 12.24 次/min。

1993 年 11 月 19 日,葛双Ⅱ回 500kV 线路在距离荆门市 19km 处的海拔约 500m 的山上出现了严重覆冰。严重覆冰造成了 $231 \sim 237$ 号七基杆塔倒塌、230 号塔局部变形,231 号杆塔左相线夹小号侧和 235 号杆塔左相线夹大号侧的四根子导线全部被拉断,237 号杆塔左相线夹大号侧一根子导线被拉断,倒塌杆塔上绝缘子大部受损,部分金具损坏。这次覆冰是受强冷空气南下的影响,荆门地区出现严重覆冰的微气象条件造成的,当时气温约为 $-5°C$,风速为 15m/s,导线覆冰 36mm。

1994 年 11 月 16 日 7 时,500kV 葛双Ⅱ回再次在 1993 年事故地段发生覆冰倒杆塔事故,232 号拉猫塔头在 K 节点处向小号侧弯折,$233 \sim 234$ 号拉猫塔向山下偏小号侧倒塌,235 号塔 K 节点上部中相横担瓷绝缘子串受拉脱落并滚落在大号侧山谷中,234 号塔中相大号侧邻近线夹处的四根子导线被拉断,235 号塔大号侧右地线断落至山谷中。当时最低气温 $-1.5°C$,伴有冻雨,风向为北偏西,最大风速为 17.1 m/s。

1999 年 3 月 12 日至 17 日,京津唐地区出现持续时间近一周的大雾,部分地区有雨雪,气温在 $0°C$ 左右。绝缘子覆冰造成京津唐电网 10 条线路 47 次闪络,闪络线路涉及的电压等级包括 110kV、220kV 及 500kV。事故持续时间之长、范围之大,均为 1990 年大面积污秽闪络以来之最。

2001 年 12 月,500kV 葛双Ⅱ回线路因严重覆冰致使 B 相线路两次接地,引起线路跳闸。覆冰闪络使 233 号杆塔 B 相左、右串第一片瓷瓶、钢帽及导线侧均压环均有放电,绝缘子有明显烧伤痕迹。当时气温为 $-2 \sim 0°C$,覆冰厚度约为 80mm。

2004 年 12 月至 2005 年 2 月,我国华中电网,特别是湖南、湖北电网,遭遇历史上时间跨度最长、范围最广的严重覆冰灾害。数千公里长的电网设施出现覆冰现象,一些地段覆冰厚度达到 $80 \sim 100mm$,严重超出了 $10 \sim 20mm$ 的设计标准。严重覆冰导致华中电网 500kV 线路多次跳闸,高压输电线路多处倒塌,电网结构遭到破坏。重庆东南地区遭遇 20 年一遇的特大风雪袭击,覆冰厚度 $50 \sim 70mm$。220kV 黔秀西线的 127 号、128 号两基铁塔因覆冰过重而倒塌,黔秀西线 97 号、129 号铁塔分别倒塌。

2008 年初，低温雨雪冰冻天气覆盖我国南方、华中、华东地区，导致贵州、湖南、广东、云南、广西和江西等省出现输电线路大面积、长时间停运，造成全国范围 36740 条输电线路停运，2018 座变电站停运，110～500kV 线路共有 8381 基杆塔倾倒及损坏，全国共 170 个县发生供电中断情况。南方电网供电区域的贵州大部分地区、广西桂北地区、广东粤北地区和云南滇东北地区电网设施遭受到严重的破坏。这次冰灾给国民经济和人民生活造成巨大损失，仅南方电网的直接经济损失就达 150 多亿元。

国外也有类似的案例。从 1998 年 1 月 5 日 0 时开始，美国东北部和加拿大东南部冻雨持续了 6 天，降水量惊人。从 Ontario 东南部和纽约北部到魁北克的西南部，冻雨量累计超过 80mm。这次冰灾对加拿大和美国造成了巨大的经济损失，其中加拿大的 Ontario 东南部和魁北克南部省份的受灾情况最为严重。严重覆冰导致大量输电线路铁塔倒塌，电力供应中断，交通堵塞，通信异常，最后约 60 万人撤离家园，10 万人需要到临时收容站避寒。这次冰灾中，Hydro Québec 的电力网络超过 3000km 受到冰灾影响，造成 1000 座高压输电杆塔、30000 座配电杆塔倒塌，4000 台变压器需要修复。Hydro Québec 和 Ontario Hydro 电网系统的维修费用大约为 10 亿加元。美国在持续和大范围的电力中断下，20 条主要输电线路、13000 座电线杆塔、1000 台高压设备和 5000 台变压器需要更换，费用高达 1750 万美元。此次冰灾使 470 万加拿大人和 50 万美国人受到停电影响，其中 40 万户居民停电超过两个星期，电网系统的修复直到 10 月份才完成。据估算，冰灾给美国、加拿大造成的经济损失约为 35 亿美元。

此外，德国在 2005 年 11 月的冰雪灾害造成超过 70 条输电线路杆塔倒塌断线，约 20 万人受此次事故停电影响，如图 1.2 所示。

图 1.2　输电线路覆冰断线

我国是世界上受冰灾影响最大的国家之一，基本上每年都会发生输电线路覆冰的情况，而且每隔数年便会发生一次较为严重的冰灾事故。相对其他电力设备，覆冰对输电线路和绝缘子串等造成的危害最大，按对线路及与之相连接的设备造成的危害可以分为以下几类：

1. 输电线路覆冰自重过荷载

冰冻期间，气温过低，过冷却水滴随风在天空中运动，与输电线路和绝缘子串等设备发生碰撞而凝结成椭圆形覆冰；雨雪天气，雪花飘落在输电线路和绝缘子等设备上，逐渐堆积造成线路覆冰。在冰荷载、风力荷载和导线自重荷载等的共同作用下，覆冰线路弧垂增大，杆塔承受压力增大。当覆冰较为严重时，输电线路由于覆冰不均匀而导致长度不一致，在风力或其他力的作用下，输电线路之间或输电线路与地之间极易发生碰撞，造成相间短路、相对地短路等故障，极易引起跳闸、烧焦、以致线路烧断等事故。当线路覆冰极为严重时，则会造成导线直接从压接管内抽出、钢芯错位、变形、断股、断线、绝缘子串扭转、绝缘子串与跳跃线路发生碰撞而导致碎裂、杆塔折断或倒塌等事故。

2. 绝缘子串发生覆冰闪络

悬挂在铁塔上的绝缘子覆冰后，当过冷却水滴持续飘落在冰凌表面时，水膜将溶解污秽物中的电解质，大大提高了冰面水膜的导电率，使绝缘子的绝缘强度大大减小，导致覆冰绝缘子串的闪络电压出现较大降低。随着冰水导电率的不断增大，泄漏电流也会随着增大，当泄漏电流大到某一极限值时，则会形成闪络通道从而使输电线路发生短路故障。绝缘子串持续冰闪时产生的电弧容易烧伤绝缘子，造成其绝缘强度的永久性降低，过大的泄漏电流则会直接击穿绝缘子串或将金具烧伤甚至熔化。

3. 覆冰线路舞动

在风力和覆冰导线重力作用下，被拉长的覆冰线路极易发生舞动。据相关研究资料记载，在 4~15m/s 的风速作用下，覆冰线路会发生频率为 0.1~3Hz、振幅达 10m 以上的低频摇摆。初始舞动阶段，线路一般只在平衡位置做小幅度振动；通常情况下，导线受到气动负阻尼作用，从而不断吸收风能，使得势能不断加强，振动振幅跟着增大；当振幅增大到某一较大值时，由于受到冰和覆冰线路质量的作用，导线的水平拉力超过其机械极限值，导致断股、断线、线路相间闪络、金具损坏、线夹变形、螺栓松动、线路跳闸停电、线路烧伤或杆塔倒塔等严重事故。据相关资料统计，我国南方地区的大部分 500kV 高压输电线路都曾发生过导线舞动事故，由于导线舞动造成断股、断线、相间短路等事故占 500kV 输电线路总事故的 23.5% 左右。如图 1.3 所示。

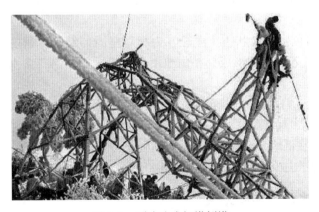

图 1.3　覆冰造成杆塔倒塔

4. 融冰、脱冰进程不同步

覆冰线路在气温升高、风力作用、人为敲击或采用交流、直流融冰技术等进行融冰时，冰结构会发生变化从而不断融化，导致不均匀脱冰或不同期脱冰现象。线路在脱冰过程中，其储存的势能迅速转化为动能，使导线发生几米至十几米的大幅度弹跳。在此过程中，由于瞬时拉力骤变，使得与线路相连接的其他线路或电力设施（如绝缘子、金具、防振器等）产生巨大的机械冲击作用，轻者引起线间短路或接地，造成连续性跳闸故障，重者会造成线路断股、断线、绝缘子损坏、横担翻转、折断或向上翘起、地线支架损坏等故障。

5. 覆冰影响电力通信线路

目前，我国仍有电力载波通信线路。当担负着电力载波通信功能的输电线路发生覆冰后，线路结构受到冰块挤压而发生形变，尤其是受到水平拉力作用而被拉长，结构变化会对输电线路中的通信信号产生影响，致使噪音增大，损耗增加；此外，覆冰不均匀的三相线路被拉长程度不一致，造成三相不对称，相间电磁场分布不对称。因此，覆冰的载波通信输电线路常常会造成通信信号杂音增加、信号减弱，致使通话声音不清晰等。

1.2　覆冰的分类

架空线路的覆冰，因其形成过程和所处环境的不同，其物理特性各有不同，对线路的危害程度也有不同。从覆冰形成条件和危害程度上大致可以分为以下几类：

1.2.1　按覆冰形成条件分类

(1)雨凇：纯粹、透明的冰，坚硬，可形成冰柱，密度在 $0.9g/cm^3$ 或更高，粘附能力很强。在低地由过冷却雨或毛毛细雨降落在低于冻结温度的物体上形成，气温$-2\sim0℃$；在山地由云中来的冰晶或含有大水滴的地面雾在高风速下形成，气温$-4\sim0℃$。

(2)混合凇：不透明或半透明冰，常由透明和不透明冰层交错形成，坚硬，密度为 $0.6\sim0.9\ g/cm^3$，粘附能力强。在低地由云中来的冰晶或有雨滴的地面雾形成，气温$-5\sim0℃$；山地地形中，在相当高的风速下，由云中带来的冰晶或带有中等大小水滴的地面雾形成，气温$-10\sim-3℃$。

(3)软雾凇：白色，呈粒状雪，质轻，为相对坚固的结晶，密度为 $0.3\sim0.6g/cm^3$，粘附能力颇弱。在中等风速下形成，在山地由云中带来的冰晶或含水滴的雾形成，气温$-13\sim-8℃$。

(4)白霜：白色，雪状，不规则针状结晶，很脆且轻，密度为 $0.05\sim0.3\ g/cm^3$，粘附能力弱。水汽从空气中直接凝结而成，发生在寒冷而平静的天气，气温低于$-10℃$。

(5)雪和冻雨：在低地为干雪，密度低，粘附能力弱；在丘陵为凝结雪和冻雨或雾，质量大。粘附雪经过多次融化和冻结，成为雪和冰的混合物，可以达到相当高的质量和体积。

1.2.2　按覆冰危害程度分类

按覆冰的危害程度，导线有覆冰和积雪两种情况。导线覆冰可以分成白霜、雾凇、混合淞和雨淞四类，积雪可以分成干雪和湿雪两类。应注意，按照分类方式不同，相同名称的覆冰种类的物理特点可能有所不同。

（1）白霜。空气中湿气与0℃以下的冷物体接触时，湿气在冷物体表面凝华形成白霜。白霜的形成不需要有过冷却小水滴的存在，其基本特性是针状或树枝状晶体，形成时风速通常相当小。在大多数情况下，当有白霜形成时，包含微小水滴的云或雾常与其共存。因此，自然形成的白霜是否纯粹由水蒸气凝华形成还需要结合实际情况考虑。微小的水滴凝结到晶体上有助于白霜的增长。白霜在导线的粘结力十分微弱，即使是轻轻振动，也可使白霜脱离所粘结导线的表面。与其他类型覆冰，如雾淞、混合淞及雨淞相比较，白霜几乎不对导线构成严重危害。

（2）雾淞。雾淞分为软雾淞和硬雾淞两种，导线上积覆雾淞时，常常是两者同时并存的。风携带雾中或云中的过冷却小水滴一个接一个不断与导线表面碰撞并冻结而产生雾淞。雾淞的最明显特征是外观成虾尾状或松针状，雾淞在导线或绝缘子上粘结点小，且常在迎风面增长。雾淞是冬季高寒高海拔山区输电线路最常见的一种覆冰形式，其颜色为白色，显微镜下呈颗粒状结构，软雾淞密度小于 0.1g/cm^3，硬雾淞密度在 $0.1 \sim 0.5\text{g/cm}^3$ 之间。条件适宜时，雾淞增长速度很快，一夜之间覆冰厚度可达 $200 \sim 300\text{mm}$。雾淞增长纯粹是由云中和雾中过冷却水滴碰撞线路或其他物体表面引起的，当云中有降雪存在时，过冷却水滴有时将雪花粘结到覆冰组织中，在这种情况下，线路可能被大量积雪覆盖。

（3）混合淞。混合淞是由导线捕获空气中过冷却水滴并冻结而发展起来的一种覆冰形式，以硬冰块的形式出现，透明或不透明，其结构为层状或板块形式，透明和不透明层交替出现。混合淞内部常捕获有孤立微小气泡的冰晶体，结构是密实的，不像雾淞以颗粒状结构形式出现。混合淞粘结能力极强，密度在 $0.6 \sim 0.8\text{g/cm}^3$ 之间。当温度较低、风速较强时，混合淞能迅速增长。

（4）雨淞。雨淞是理论上透明的清澈冰。大多数情况下，雨淞是由过冷却雨滴或毛毛雨滴发展起来的，即冻雨覆冰。在云中覆冰情况下，如果空气温度高（如 $-2 \sim 0℃$），且过冷却水滴直径大（如 $15 \sim 25\mu\text{m}$），覆冰以薄冰情况出现，这也是雨淞。在雨淞覆冰情况下，粘结到导线或其他物体上的水滴完全冻结之前，过冷却水滴的碰撞连续不断地发生，覆冰是连续增长的。雨淞覆冰形成过程中，冰面温度为0℃，从而使覆冰表面完全由一层薄薄的水膜覆盖。虽然雨淞覆冰也包含有一定的气泡，但与混合淞相比较，气泡含量少的多。雨淞覆冰是透明的，其密度接近理论上纯冰的密度，即 0.913 g/cm^3，在实际工程中常将密度大于 0.9 g/cm^3 的冰称为雨淞。

（5）积雪。空气中的干雪或冰晶很难粘结到导线表面，只有当空气中的雪为湿雪时，导线才会出现积雪现象。在山区，有时雪片中混杂有过冷却水滴，水滴粘附在雪花上，这种情况下雪片容易粘附到所碰撞的物体上，这种现象称为覆冰，而不是积雪。导线积雪仅指当温度在0℃左右、风速很小时，湿雪粒子与水体一起通过毛细管的作用相互粘结到导线表面的现象。

1.3　输电线路覆冰等级

我国南方九省市处于冰灾易发区域，该区域的输电线路覆冰问题一直困扰着电力工作人员。由于电网庞大,输电线路众多,分布广泛,输电走廊环境恶劣,融冰装置及工作人员数量有限,一直存在着防冰不到位、融冰不及时等一系列困难,导致了众多输电线路覆冰过载,引发大量断股、断线、倒塔等事故。影响输电线路覆冰的因素很多,如气象因素、海拔高度、导线直径、电场强度和微地形等,其中气象因素对线路的覆冰起着决定性影响。目前,南方电网公司和国家电网公司在"十二五"规划中新添了加快电网发展的新内容,输电线路将会成倍增加。为了在冰灾发生前做好各线路的防冰、抗冰准备工作,或在设计输电线路时能设计合理的抗冰厚度值,亟须一种能准确判别裸露于恶劣环境中的输电线路覆冰等级的有效方法。

输电线路的覆冰程度不同,造成的损害也不一样,因此很有必要对输电线路的覆冰等级具体分类进行探讨,以便采取相应的防冰、融冰措施解决不同覆冰等级的输电线路的覆冰问题,为电力工作人员提供参考。

输电线路覆冰等级划分为四类:极度覆冰、严重覆冰、中等覆冰和轻度覆冰。

(1)风口、垭口、山脊和分水岭等微地形对输电线路覆冰程度的影响最大,穿越这类微地形中的线路最容易覆冰。当相应线路长度大于数百米时,若通过增加线路和铁塔冰厚设计值,则需要巨额的投资费用。因此,将这些微地形对应的总线长大于或等于1km的输电线路视为极度覆冰线路。

(2)峡谷、江河湖泊、迎风坡上部位置、迎风坡山腰和背风坡上部位置等微地形对线路覆冰程度的影响相对较小,将这类微地形对应总线长及长度小于1km的极度覆冰段线长之和大于或等于1.5km的输电线路视为严重覆冰线路。

(3)迎风坡山脚和背风坡山腰等微地形对输电线路的覆冰影响较小,通常情况下,覆冰不会导致线路的断股、断线等事故。将这类微地形对应线长及严重覆冰以上线路线长之和大于或等2.3km的输电线路视为中等程度覆冰线路。

(4)背风坡山脚、林带及其他较高地物和住宅地段等微地形对应线路一般不易覆冰,只有在极端恶劣的气候条件才会发生覆冰现象。除了上述几种覆冰等级线路外,将这类微地形对应的输电线路视为轻度覆冰线路。

由于各种微地形对输电线路覆冰程度的影响大小不一致,故应给予覆冰权数赋予合理的数值,用以区别各种微地形对输电线路覆冰的影响程度。覆冰权数 $y_i(i=1, 2, \cdots, 14)$ 按表1.1进行取值,能较好地反映各种微地形影响穿越其中的输电线路的覆冰程度。

表1.1 各种微地形对应的覆冰权数取值

微地形	覆冰权数	取值	微地形	覆冰权数	取值
风口	y_1	0.13	迎风坡山腰	y_8	0.08
垭口	y_2	0.13	背风坡上部位置	y_9	0.04
山脊	y_3	0.13	迎风坡山脚	y_{10}	0.011
分水岭	y_4	0.13	背风坡山腰	y_{11}	0.008
峡谷	y_5	0.12	背风坡山脚	y_{12}	0.002
江河/湖泊	y_6	0.11	林带	y_{13}	0.002
迎风坡上部位置	y_7	0.105	住宅地段	y_{14}	0.002

☞参考文献

[1]中国南方电网公司.电网防冰融冰技术及应用[M].北京:中国电力出版社,2010.2.

[2]罗小龙.电网覆冰等级分类及直流融冰方案研究[D].长沙:长沙理工大学,2012.

[3]马春雷.贵州地区500kV输电线路抗冰融冰技术的应用[D].重庆:重庆大学,2009.

[4]蒋兴良,马俊,王少华,孙才新,舒立春.输电线路冰害事故及原因分析[J].中国电力,2005(11):27~30.

[5]陈原,张章奎,刘娟,岳乔.京津唐电网输电线路覆冰掉闸分析[J].华北电力技术,2003(4):38~45.

[6]王超.输电线路直流融冰技术研究[D].北京:华北电力大学,2011.

[7]常浩,石岩,殷威扬,张民.交直流线路融冰技术研究[J].电网技术,2008(5):1~6.

[8]佚名.国内外自然灾害造成的电力系统事故[J].中国电力教育,2008(6):10~12.

[9]蒙金有.固原地区输电线路覆冰及其事故防治技术研究[D].重庆:重庆大学,2006.

[10]陈斌,郑德库.架空送电线路导线覆冰破坏问题分析[J].吉林电力,2005(6):25~27.

[11]刘明源.输电线路覆冰倒塔分析研究[D].南京:南京工业大学,2010.

[12]陈刚.移动式220kV输电线路直流融冰装置研制[D],成都:西南交通大学,2012.

[13]刘和云.架空导线覆冰与脱冰机理研究[D].武汉:华中科技大学,2001.

[14]卞荣.浙江电网输电线路冰灾原因分析及对策研究[D].北京:华北电力大学,2010.

[15]朱卫华.输电线路上CO_2激光除冰的研究[D].武汉:华中科技大学,2007.

[16]梁瑜.带电条件下输电线路导线和绝缘子覆冰及电气特性研究[D].重庆:重庆大学,2005.

[17]陆佳政,曾敏,田凌,罗小龙,曾祥君.基于微地形的输电线路覆冰等级判别方法[J].电力科学与技术学报,2013(4):24~30.

[18]覃煜,陆国俊,贾志东,关志成.输电线路绝缘子的覆冰危害及其研究现状[C].2011年中国电机工程学会年会,2011.11.27.

[19]许树楷,赵杰.电网冰灾案例及抗冰融冰技术综述[J].南方电网技术,2008(2):1~6.

[20]王国尚,穆红文,刘亚峰,杨光,安宁,张西.湖南省四条线路的覆冰分析[C].2009年甘肃省电机工程学会学术年会,2009.9.1.

[21]Horwill C, Davidson C C, Granger M, et al.. An Application of HVDC to the De-icing of Transmission Lines[C]. Transmission and Distribution Conference and Exhibition, Dallas, USA, 2005/2006.

[22]Wang, Juanjuan, Yu Cheng, Chen, Yiping. Research and Application of DC De-icing Technology in China Southern Power Grid[J]. IEEE TRANSACTIONS ON POWER DELIVERY, 2012.

[23] Zsolt Péter, Masoud Farzaneh, László I. Kiss. Assessment of the Current Intensity for Preventing Ice Accretion on Overhead Conductors [J]. IEEE Transactions on Power Delivery, 2007, 12(1): 565-574.

[24] HORWILL C, GRANGER M. An application of HVDC to the de-icing of transmission lines//Proceedings of IEEE/PES Transmission and Distribution Conference and Exhibition, May 21-24, 2006, Dallas, TX, USA: 529-534.

第2章 电流融冰数学模型

电流融冰是通过导线通流产生的焦耳热实现的，地线实际上也是一种导线，故其具有与导线融冰相同的物理过程和数学模型。融冰效率与热量有关，而热量又与电流大小有关。理论上讲，电流越大，融冰效率越高。然而，不同的导线、不同的线路，又必然有临界融冰电流、最大可通电流及最大融冰长度等的限制，因此，对融冰电流的计算是电流融冰的重要依据。导线融冰是一个动态过程，在融冰过程中，导线覆冰厚度、环境温度、风速等因素对冰层的温度分布随着融冰状态的改变不断改变，从而影响到导线整个融冰过程。

2.1 电流融冰的计算模型

2.1.1 地线融冰原理

一般说来，短路融冰一般在冰雪天气环境中进行，环境温度一般低于0℃。在开展短路融冰之前，需要停电安装融冰装置，在这段时间内，冰层和导线的温度与环境温度保持平衡一致。导线通融冰电流以后，产生的焦耳热通过导线传递至冰层，在冰层外表面通过辐射和对流传热与空气进行热交换。在冰层尚未融化前，因为导线外表面与冰层内表面温度直接接触，所以导线外表面温度与冰层内表面温度相等。焦耳热融冰属于内部接触式融冰，即冰从内表面开始融化。当外界环境温度低于0℃时，通电导线的表面温度高于冰层外表面温度，冰层外表面温度高于环境温度，在冰层和在冰层外表面附近的空气中分别形成了温度梯度。

地线融冰的原理与输电线路融冰原理相同，为增大地线中的电流，在地线融冰中主要采用短路电流，将电能转化为热能，达到融冰热平衡而实现融冰。

2.1.2 电流融冰热平衡关系

电流融冰的热量来源于电流产生的焦耳热，即

$$q_j = I^2 r_T \tag{2-1}$$

式中：q_j——焦耳热流量，W；

r_T——导线在T℃时的电阻率，Ω/m。

融冰主要是增大地线的传输电流或采用短路电流，将电能转化为热能，达到融冰热平衡而实现融冰，融冰电流和融冰时与各参数之间热平衡关系式如下

$$I^2 R_0 t = Q_1 + Q_2 + Q_3 + Q_4 + Q_5 \tag{2-2}$$

式中：I——融冰电流，A；

　　　R_0——0℃时的导线电阻，Ω；

　　　t——时间，s；

　　　Q_1——被融化部分的冰的温度从 T_a（结冰时外界温度）升温到 T_0（导线融冰温度）吸收的热量，W；

　　　Q_2——融化冰所需吸收的热量，W；

　　　Q_3——未被融化的冰温度变化吸收的热量，W；

　　　Q_4——导线温度从 T_a 升温到 T_0 所吸收的热量，W；

　　　Q_5——冰表面散失的热量，W。

融冰电流在导线电阻中产生的热量一部分使冰柱的温度上升至熔点，一部分使冰柱融化，一部分损失在从导线表面到冰柱表面的传递途中，还有一部分通过冰柱表面散失，其关系式如下

$$I_r{}^2 R_0 T_r = \frac{\Delta t}{R_{T0}+R_{T1}} T_R + 10 g_0 db + \frac{0.045 g_0 D^2}{R_{T0}+R_{T1}}\left(R_{T1}+0.22\frac{R_{T0}}{\ln\dfrac{D}{d}}\right)\Delta t \tag{2-3}$$

式中：I_r——融冰电流，A；

　　　R_0——0℃时的导线电阻，Ω/m；

　　　T_r——融冰时间，h；

　　　R_{T0}——等效冰层传导热阻，（°·cm）/W

$$R_{T0}=\frac{\ln\dfrac{D}{d}}{273\lambda};$$

　　　R_{T1}——对流及辐射等效热阻，（°·cm）/W；

　　　对雨凇　　　$$R_T=\frac{1}{0.09D+0.22+0.73\,(VD)^{\frac{2}{3}}}$$

　　　对雾凇　　　$$R_T=\frac{1}{0.04D+0.84\,(VD)^{\frac{3}{4}}}$$

　　　Δt——导体温度与外界气温之差，℃；

　　　g_0——冰的比重（一般按雨凇取 0.9）；

　　　d——导线直径，cm；

　　　b——冰层厚度，即覆冰每边冰厚，cm；

　　　D——导体覆冰后的外径，cm；

　　　λ——导热系数，W/（°·cm）；

　　　对雨凇　　　　　　　$\lambda=2.27\times10^{-2}$

　　　对雾凇　　　　　　　$\lambda=0.12\times10^{-2}$

　　　V——风速，m/s。

通过式（2-3），可以计算融冰电流。

2.1.3 临界融冰电流计算模型

研究将电能转化为热能的融冰技术，需要对覆冰导线计算融冰电流的大小和作用时间，在这方面已经有了比较成熟的覆冰导线融冰计算数学模型，并被广泛应用于电网架空线路融冰。根据融冰的热平衡方程式，在实际工程应用中可以推算出各种条件下的临界融冰电流。

$$I_c = \left[\frac{2\pi k_i (T_a - T_i)}{r_0 \ln \frac{D_i}{D}} \right]^{\frac{1}{2}} = \left(-\frac{2\pi k_i}{r_0 \ln \frac{D_i}{D}} \times T_i \right)^{\frac{1}{2}} - \frac{0.851075612\, T_i}{(T_i - T_a)\ln \frac{D_i}{D}}$$

$$= 4.05503055\times10^{-8} D_i (T_a + 273)^3 + \left\{ 4.16942731463\times10^{-3} C \cdot \mathrm{Re}^n + \left[\frac{(T_i - T_a) D_i^3}{(T_i + T_a)/2 + 273} \right]^{\frac{1}{4}} \right\}$$

$$(2\text{-}4)$$

$$\mathrm{Re} = 7.517442\times10^4 D_i \nu_a$$

$$D_i = D + 2d$$

式中：I_c——临界融冰电流；

T_i——导线温度；

T_a——环境温度；

d——覆冰厚度；

D——导线的外径；

C、n——由雷诺(Reynolds)数(Re)决定的系数，即

$$40 \leqslant \mathrm{Re} \leqslant 4000: \qquad C = 0.683,\ n = 0.466$$

$$4000 \leqslant \mathrm{Re} \leqslant 40000: \qquad C = 0.193,\ n = 0.618$$

$$40000 \leqslant \mathrm{Re} \leqslant 400000: \qquad C = 0.0266,\ n = 0.805$$

ν_a——环境风速；

D_i——覆冰后导线直径。

由式(2-4)可见，临界融冰电流与环境温度、导线温度、覆冰厚度、环境风速、导线的外径等因素有关。

2.1.4 融冰时间计算模型

当取融冰电流 I 大于临界融冰电流 I_c，即 $I > I_c$ 时，可得融冰时间为

$$t\times10^{-6} = \frac{3d^2 + 1.95Dd - 0.11D^2}{2(I^2 - I_c^2) R_0} T_i + 337.9\times\frac{0.11D^2 + Dd}{(I^2 - I_c^2) R_0} - \frac{6d(D+d) + 2.45 A_{Al} + 3.7 A_{Fe}}{(I^2 - I_c^2) R_0} T_a$$

或

$$t\times10^{-6} = \frac{3.01047574135d(D+d) - 1.0540915D(0.1073D+d)}{2(I^2 - I_c^2) R_0}\times T_i + 337.9145\times\frac{D(0.1073D+d)}{(I^2 - I_c^2) R_0} -$$

$$\frac{6.0209514827d(D+d) + 2.444420 A_{Al} + 3.6989 A_{Fe}}{(I^2 - I_c^2) R_0}\times T_a \quad (I > I_c)$$

$$(2\text{-}5)$$

式中：t——融冰时间；

　　　I_c——临界融冰电流；

　　　d——导线外径；

　　　D——导线覆冰后的外径；

　　　T_i——导线温度；

　　　I——导线融冰电流；

　　　R_0——电阻；

　　　A_{Al}——导线的铝部截面积；

　　　A_{Fe}——导线的钢部截面积；

　　　T_a——环境温度；

　　　T_0——导线与冰交界面的温度。

根据式(2-5)计算常用地线型号的融冰时间并与试验所得时间进行了对比，结果列于表 2.1。

表 2.1　　　　　　　　　　　　　典型覆冰导线的直流融冰时间

导线型号	融冰电流 /(A)	直流融冰时间 /(h)	
		理论计算	试　验
LGJ—70	175	不能融	融冰 4h 无任何现象
LGJ—70	280	2.16	融冰 2.5h 后，冰从导线上脱落
LGJ—240	430	不能融	融冰 4h，无融冰现象
LGJ—240	600	2.24	融冰 2.5h 后，有冰脱落
LGJ—400	800	3.03	融冰 3h 后，有掉冰现象
LGJ—400	1000	1.29	融冰 1.5h 后，冰脱落
LGJ—720	1300	2.10	融冰 2h 左右，有掉冰现象

注：计算条件为环境温度 $T_a = -5℃$，覆冰厚度 $d = 10mm$，风速 $V_a = 5m/s$。

2.1.5　最大允许融冰电流

导线最大允许融冰电流，是指在融冰的短时间内（最长数小时）允许导线达到最高温度所通过的电流。《110kV~750kV 架空输电线路设计规范》(GB 50545—2010)中规定验算导线允许载流量时，导线的允许温度宜按下列规定取值：

(1)钢芯铝绞线和钢芯铝合金绞线宜取 70℃，必要时可取 80℃，大跨越宜取 90℃。

(2)钢芯铝包钢绞线和铝包钢绞线可取 80℃，大跨越可取 100℃，或经试验确定。

(3)镀锌钢绞线可取 125℃。

对于短时间融冰，一般在 1 小时到 2 小时以内，对于铝包钢绞线地线取最大允许温度为 100℃，镀锌钢绞线地线取最大允许温度为 125℃，钢芯铝绞线和钢芯铝合金绞线取最大允许温度为 80℃，OPGW 光缆暂取 90℃。

计算导线允许载流量可以选用《电机工程手册》第 26 篇中所列公式：

$$I=\sqrt{\frac{W_R+W_F-W_S}{R'_t}} \tag{2-6}$$

式中：I——允许载流量，A；

$\quad W_R$——单位长度导线的辐射散热功率，W/m；

$\quad W_F$——单位长度导线的对流散热功率，W/m；

$\quad W_S$——单位长度导线的日照吸热功率，W/m；

$\quad R'_t$——允许温度时导线的交流电阻，Ω/m。

辐射散热功率 W_R 的计算式为

$$W_R=\pi D E_1 S_1\left[\left(T_c+T_a+273\right)^4-\left(T_a+273\right)^4\right] \tag{2-7}$$

式中：D——导线外径，m；

$\quad E_1$——导线表面的辐射散热系数，光亮的新线为 0.23~0.43，旧线或涂黑色防腐蚀剂的线为 0.90~0.95；

$\quad S_1$——斯特凡—包儿茨曼常数，5.67×10^{-7}W/m²；

$\quad T_c$——导线表面的平均温升，℃；

$\quad T_\alpha$——环境温度，℃。

对流散热功率 W_F 的计算式

$$W_F=0.57\pi\lambda_f\theta\,\mathrm{Re}^{0.485} \tag{2-8}$$

式中：λ_f——导线表面空气层的传热系数，W/(m·℃)；

$\quad \mathrm{Re}$——雷诺数。

$$\lambda_f=2.42\times10^{-2}+7\left(T_a+\frac{T_c}{2}\right)\times10^{-5}$$

$$\mathrm{Re}=\frac{VD}{\upsilon}$$

$$\upsilon=1.32\times10^{-5}+9.6\left(T_a+\frac{T_c}{2}\right)\times10^{-8}$$

式中：V——垂直于导线的风速，m/s；

$\quad \upsilon$——导线表面空气层的运动粘度，m²/s。

日照吸热功率 W_S 的计算式

$$W_S=a_sJ_sD \tag{2-9}$$

式中：a_s——导线表面的吸热系数，光亮的新线为 0.35~0.46，旧线或涂黑色防腐蚀剂的导线为 0.90~0.95；

$\quad J_s$——日光对导线的日照强度，W/m²，当天晴、日光直射导线时可采用 1000W/m²。

计算几种典型地线融冰最大允许电流时，选取的环境条件为：环境温度 5℃（留有充分裕度），风速 0~3m/s，日照辐射量选取 1000 W/m²。几种典型地线的最大允许载流量列入表 2.2。

表 2.2　　　　　　　　　　　　　　地线最大载流量　　　　　　　　　（单位：A）

地线型号	融冰电流/(A)	允许温度/(℃)	环境温度/(℃)	风速/(m/s)					
				0.5	1	1.5	2	2.5	3
GJ—80	107	125	10	185	212	230	245	257	267
GJ—100	126	125	10	216	247	269	286	300	312
LBGJ—120—40AC	301	100	10	453	523	570	607	638	664
LBGJ—120—27AC	247	100	10	372	430	469	499	524	546
OPGW—1	291	90	10	411	475	519	553	581	605
OPGW—2	231	90	10	329	380	416	443	466	486
OPGW—126	273	90	10	386	447	488	520	547	570

注：流量计算条件为辐射系数 0.9，吸收系数 0.9，日照强度 0.1W/cm²。

2.1.6　最大融冰长度

地线融冰过程中，由于受地线电阻的影响，随着融冰线路长度的增加，其电阻会增大，相应的融冰电压也会增大，而最大融冰电压受融冰装置最大输出功率和地线绝缘子闪络电压限制，而使融冰长度受到限制。

当采取两根地线串联方式融冰时，设架空地线每公里平均直流电阻为 $r(\Omega/\mathrm{km})$，线路长为 $l(\mathrm{km})$，此时地线作为直流融冰装置的负荷，其电阻为两根地线电阻之和，则此时直流融冰装置电阻负荷为

$$R_0 = 2rl \tag{2-10}$$

设架空地线融冰电流为 $I(A)$，则直流融冰输出电流及电压分别为

$$I_0 = I \tag{2-11}$$
$$U_0 = 2I_0 rl \tag{2-12}$$

设最大融冰电压为 $U_{\max}(V)$，则最大融冰线路长度为

$$l_{\max 0} = \frac{U_{\max}}{2I_0 r} \tag{2-13}$$

表 2.3 为几种常见的架空地线参数，按照其最大融冰电流在满足地线融冰装置以及地线绝缘子最大覆冰耐压的情况下，计算得出其最大融冰长度如表 2.4 所示，其中融冰装置容量和地线绝缘子最大覆冰耐压均按 20kV 计算。

表 2.3　　　　　　　　　　　　典型地线电阻参数表

项目 ＼ 地线型号	GJ—80	GJ—100	LBGJ—120—40AC	LBGJ—120—27AC
根数/直径	7/3.8	19/2.60	19×2.85	19×2.85
计算截面/(mm²)	79.39	100.88	121.21	121.21
计算外径/(mm)	11.4	13	14.25	14.25

续表

地线型号 项目	GJ—80	GJ—100	LBGJ—120—40AC	LBGJ—120—27AC
计算重量/(kg/m)	0.6304	0.803	0.5703	0.7264
最小计算拉断力/(N)	92754	115308	75270	117820
设计安全系数	3.53	3.11	3.2	3.2
最大使用应力/(MPa)	340	375	198	304
年平均运行应力/(MPa)	300	300	158.4	194
弹性模量/(MPa)	185000	185000	98100	133000
线膨胀系数/(1/℃)	$11.57×10^{-6}$	$11.5×10^{-6}$	$15.5×10^{-6}$	$13.4×10^{-6}$
20℃直流电阻/(Ω/km)	2.418	1.903	0.3606	0.5342

表 2.4 　　　　　　　　　　　　　地线融冰长度表

地线型号	融冰电流/(A)	直流电阻/(Ω/km)	融冰长度/(km)
GJ—80	107	2.418	77.3
GJ—100	126	1.903	83.4
LBGJ—120—40AC	301	0.3606	184.3
LBGJ—120—27AC	247	0.5342	151.6

注：由于 OPGW 截面面积较大，在融冰过程中参照 LBGJ—120—40AC 计算。

2.2 融冰电流的主要影响因素

架空线路的融冰电流与众多因素相关，如覆冰厚度、环境温度、风速、融冰所需时间等。每次电力系统面对凝冻天气时的外界条件都有所不同，为了研究各种因素对融冰电流大小的影响规律，以昭通电网常用的 4 种架空地线型号为例，计算了几种典型的地线外部因素与融冰电流的关系，如图 2.1～图 2.4 所示。计算条件为：环境温度-5℃，风速 5m/s，1 小时融冰。

2.2.1 融冰电流与覆冰厚度的关系

从图 2.1 可知，覆冰厚度对于融冰电流影响很大，针对这四种地线型号，覆冰每增加 5mm，则融冰电流需要增加 10～16A。由于融冰需要一定的时间而覆冰增加速度很快，因此在观察到架空线路覆冰厚度大于 5mm 时就应紧急启动融冰预案。

2.2.2 融冰电流与环境温度的关系

从图 2.2 可知，环境温度对于融冰电流影响也很大，针对昭通电网常用的几种架空地线型号的计算表明，环境温度每下降 2℃，则线路融冰电流需要增加 15～25A。

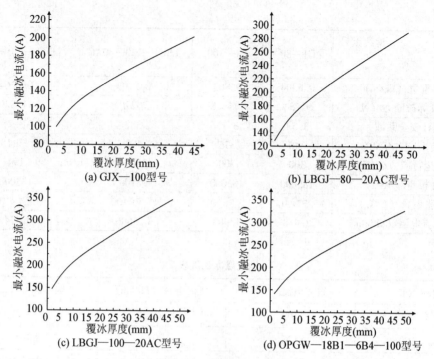

图 2.1　融冰电流与覆冰厚度的关系

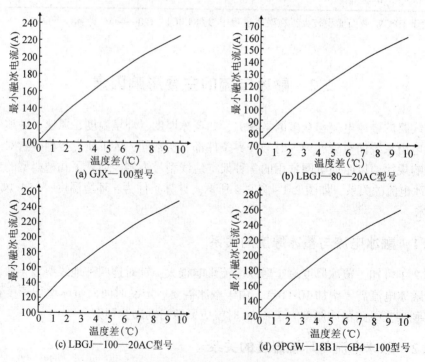

图中：温度差是指融冰时的导线温度与环境温度之差。

图 2.2　融冰电流与环境温度的关系

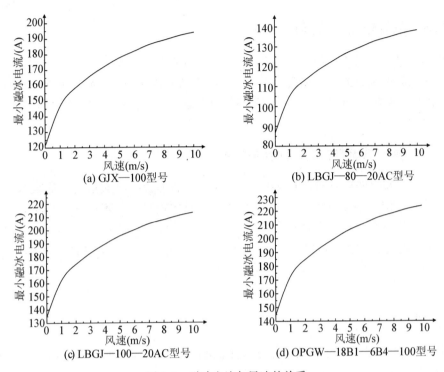

图 2.3　融冰电流与风速的关系

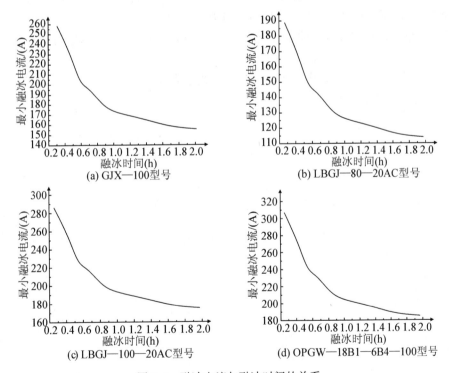

图 2.4　融冰电流与融冰时间的关系

2.2.3   融冰电流与风速的关系

从图 2.3 可知,风速对融冰电流的影响程度与风速大小有关,其中风速为 0～4m/s 时,对融冰电流影响较大,风速为 2m/s 时,融冰电流较无风时(风速为 0m/s)增加 35～40A;但是当风速大于 4m/s 后,风速对于融冰电流的影响趋缓,大约风速每增大 2m/s 则融冰电流增大 5～10A。

2.2.4   融冰电流与融冰时间的关系

从图 2.4 可知,融冰时间在 0.2～0.5 小时内,最小融冰电流值变化比较快,变化范围在 35～65A 之间,融冰时间为 0.5～2 小时,递减比较平缓,若以 0.5 小时融冰时间对应的融冰电流为基准,则融冰时间增加到 1 小时时,融冰电流减少了 20～40A;融冰时间增加到 1.5 小时时,融冰电流减少了 8～15A;融冰时间增加到 2 小时时,融冰电流减少了 5～8A。

☞**参考文献**

[1] 超高压输电公司贵阳局 . 500kV 线路地线(OPGW)全绝缘节能降耗与融冰技术研究与实施技术报告[R]. 超高压输电公司贵阳局, 2012 年 3 月.

[2] 南方电网系统运行部, 云南电力研究院, 广东省电力设计研究院 . 地线融冰对 OPGW 光缆影响的技术分析报告[R]. 2012 年 10 月.

[3] 110kV～750kV 架空输电线路设计规范(GB 50545—2010)[S]. 北京:中国计划出版社, 2010.6.

[4] 机械工程手册电机工程手册编辑委员会 . 电机工程手册[M]. (第二版). 北京:机械工业出版社, 1996 年 9 月.

第 3 章　直流融冰装置和融冰方法

直流融冰装置是为覆冰输电线路提供稳定且可调的直流电流，对线路加热以使覆冰融化的装置。直流融冰方法是指在线路上的某一处短接，给覆冰线路通直流电流使冰层融化的方法。由于没有感抗的影响，直流融冰的电源容量只取决于融冰线路的电阻和导线长度。

3.1　直流融冰装置

直流融冰装置的功能以及其各部分组成设备需满足相关国家标准的一系列性能与技术要求，直流融冰装置的运行和维护也要满足其特定的要求环境。

3.1.1　直流融冰装置功能及性能要求

1. 总体要求

（1）直流融冰装置能在《电能质量　电力系统频率偏差》（GB/T 15945—2008）中允许的电网频率下持续运行；

（2）直流融冰装置能在接入点额定电压的 0.8 倍到 1.2 倍下持续运行；

（3）直流融冰装置能在《电能质量　三相电压不平衡》（GB/T 15543—2008）中允许的电网三相电压不平衡条件下持续运行；

（4）直流融冰装置在正常运行条件下注入系统公共连接点（PCC）的谐波宜满足《电能质量　公用电网谐波》（GB/T 14549—1993）中的要求；

（5）直流融冰装置能耐受系统规定的暂态过电压要求；

（6）直流融冰装置接入系统不应引起并联谐振；

（7）直流融冰回路不应出现谐振；

（8）直流融冰装置晶闸管阀应能在近似 90°触发角运行，最小电流应满足地线和光纤复合地线（OPGW）融冰要求，应配置适当的平波电抗器以使输出电流不断续；

（9）直流融冰装置融冰电流的偏差应在目标设定值的±5%以内；

（10）采用双桥并联型式的直流融冰装置，两桥的均流系数不小于 0.9。

2. 控制功能要求

主要包括：

（1）直流融冰装置应具备直流输出电流连续调节功能；

（2）直流融冰装置应能按预定的程序完成直流融冰装置的启动和停止，应能实现直流侧隔离开关的自动操作以完成融冰接线方式的选择，发生事故时应能紧急停运设备；

（3）直流融冰装置采用双桥并联型式时，应具有自动均流功能；

(4)直流融冰装置的电流阶跃响应时间宜小于 300 ms，超调量不大于 30%；

(5)直流融冰装置应能适应预定的各条线路融冰要求，宜采用分层分布式控制结构，实现微机监视和控制功能；

(6)直流融冰装置应具备友好的人机界面，便于操作及维护；

(7)直流融冰装置应具备事件记录及故障录波功能；

(8)直流融冰装置应具备远方监控功能；

(9)直流融冰装置运行监控信息应接入变电站监控系统，并能在主控室实现融冰操作。

3. 等效试验要求

(1)开路试验

要求如下：

①在不接入融冰线路的情况下，测试直流融冰装置晶闸管阀的触发能力，检查直流融冰装置直流电压控制功能以及直流电压耐受能力，检查融冰装置在额定直流电压下工作是否正常。

②直流融冰装置交流侧换流变压器接入试验电源，直流输出侧断开，逐步升高直流融冰装置输出电压达到 1.05 倍额定电压为止，至少保持 15min，测试直流融冰装置控制系统输出电压的调节性能。

(2)零功率试验

要求如下：

①在不接入融冰线路的情况下，检查直流融冰装置直流电流控制功能，检查阀、直流侧隔离开关和融冰母线的电流耐受能力，保证直流融冰装置在需要融冰的时候能可靠地投入运行。主要包括直流融冰装置启停试验、手动紧急停运试验、保护跳闸试验和大电流试验。

②零功率试验中使用的平波电抗器电感值要求能保证在零功率最小电流参考值下不出现电流断续，通流能力为直流融冰装置额定直流电流。

③零功率试验时闭锁阻抗保护和直流欠压保护，根据设计投入相应的滤波器组，根据无功缺额投入站内其他无功补偿支路。

4. 故障类型及保护功能要求

(1)故障类型和保护配置

直流融冰装置的故障类型主要包括：交流过流、交流欠压、换流变阀侧相间短路、阀短路、阀区接地、控制触发脉冲丢失、桥间电流不平衡、直流过流、直流欠压、直流过压、融冰线路断线、融冰线路接地等。

直流融冰装置保护一般可以分为交流保护区、换流变压器保护区、阀保护区和直流保护区。

(2)保护功能要求

主要包括：

①直流融冰装置中所有主设备应装设保护装置，各保护装置之间应相互配合，保护直流融冰设备本身不因故障损坏，不使事故范围扩大。

②保护装置性能应符合直流融冰装置安全可靠运行的要求，满足可靠性、选择性、灵

敏性和快速性的要求，保护定值、时序的选择应与上级保护配合，防止越级动作。

③直流融冰装置的交流进线断路器禁止设置自动重合闸功能。

5. 谐波性能

在下列最严重情况下，直流融冰装置在其与输电系统接入点造成的谐波畸变水平不影响装置本身和接入系统的安全：

(1) 在特殊情况下系统允许的频率范围内；

(2) 整个直流融冰装置持续输出范围内；

(3) 系统谐波阻抗圆内；

(4) 考虑系统背景谐波。

注入系统公共连接点(PCC)的谐波宜符合《电能质量　公用电网谐波》(GB/T 14549—1993)中的的要求。

6. 损耗

直流融冰装置的损耗保证值应基于计算值，损耗的计算见 IEC 61803。

带换流变压器的直流融冰装置，总损耗不超过直流融冰装置额定输出容量的1%；不带换流变压器的直流融冰装置，总损耗不超过直流融冰装置额定输出容量的 0.7%。

7. 可听噪声

(1) 直流融冰装置系统的结构设计需考虑限制噪音干扰。

(2) 直流融冰装置系统外部噪音的限制范围以变电站围护栏为限。

(3) 直流融冰装置站内噪音的限制宜满足《工业企业厂界环境噪声排放标准》(GB 12348—2008)中第4章提出的要求，测量按照《工业企业厂界环境噪声排放标准》(GB 12348—2008)中第5章规定的测量方法进行。

(4) 直流融冰装置噪声对周围的影响可以参考《工业企业厂界环境噪声排放标准》(GB 12348—2008)和《声环境质量标准》(GB 3096—2008)执行。

8. 无线电干扰

直流融冰装置在其与输电系统接入点产生的无线电干扰不会影响装置本身和接入系统的正常运行。

3.1.2 主要设备技术要求

1. 晶闸管阀

要求如下：

(1) 晶闸管的基本技术要求参考《半导体器件　第6部分：晶闸管》(GB/T 15291—1994)；

(2) 阀设计时应考虑元件电压分布的不均匀性而留有适当裕量；

(3) 阀应能承受各种过电压，耐压设计应留有足够的安全裕度；

(4) 阀的设计在数量上应留有10%的冗余度，且每相阀不少于2只晶闸管。当阀出现元件故障时，直流融冰装置应能发出故障信号，当故障阀元件数量超过冗余数时，直流融冰装置应能发出报警信号并自动退出运行；

(5) 阀的连续运行额定值和过负荷能力应根据融冰需要和系统要求确定，应能在最高持续电压下稳定运行；

（6）阀应具备相应的过压保护功能；

（7）阀应确保在各种工况下正常工作而不致损坏，包括阀触发系统误动，以及站内外各系统和设备故障等；

（8）阀的浪涌电流耐受能力不应小于流经阀的最大短路电流；

（9）阀宜为空气绝缘，户内安装；

（10）阀结构的设计应做到便于对阀元件近距离巡视、日常维护以及故障处理或部件更换。进行维护工作时，应不影响其他的设备继续运行，应能在不断开冷却回路的情况下更换故障阀元件；

（11）其他技术要求参考《高压直流输电晶闸管阀（第 1 部分）：电气试验》（GB/T 20990.1—2007/IEC60700—1：1998）。

2. 冷却设备

要求如下：

（1）冷却设备宜采用密闭式纯水冷却设备；

（2）冷却设备应具备完整的控制保护功能；

（3）冷却设备应采用双电源供电；

（4）冷却设备的设计应有冗余，当其中的一个部件故障时，不影响冷却设备的正常运行；

（5）应设置两台循环泵，一用一备，单台工作泵应能满足系统最大设计流量，保证循环冷却水以恒定的流速通过发热器件；

（6）采用水—风热交换器时，至少应设置一台备用风机；

（7）在寒冷地区，循环冷却水应采取防冻措施；

（8）冷却设备应能监控自身运行和循环冷却水的情况，具备必须的报警和跳闸功能；

（9）其他技术要求参照《静止无功补偿装置水冷却设备》（GB/T 29629—2013）执行。

3. 换流变压器

要求如下：

（1）换流变压器的基本要求按照《变流变压器 第 1 部分：工业用变流变压器》（GB/T 18494.1—2001）执行；

（2）换流变压器宜采用三相变压器；

（3）换流变压器宜具有 1.2 倍额定输出电流连续运行 2h 的过载能力；

（4）换流变压器磁通密度的设计与常规变压器相比较应留有更多裕度；

（5）换流变压器最大相间阻抗偏差应小于±2%。

4. 平波电抗器和换相电抗器

平波电抗器和换相电抗器的技术要求按照《电力变压器 第 6 部分：电抗器》（GB/T 1094.6—2011）和《高压直流输电用干式空心平波电抗器》（GB/T 25092—2010）执行。

5. 阀电抗器（若有）

（1）阀电抗器功能

要求如下：

①在陡前波和雷电波冲击下承受电压，从而使晶闸管免受过电压损坏；

②限制晶闸管开通时的电流变化率$\dfrac{\mathrm{d}i}{\mathrm{d}t}$；

③改善晶闸管阀两端出现的异常电压分布。

（2）阀电抗器的设计原则

要求如下：

①阀电抗器的设计应根据晶闸管开通时电流变化率$\dfrac{\mathrm{d}i}{\mathrm{d}t}$的承受能力和在运行时各种故障情况可能出现的异常电压分布来确定，阀电抗器的功能也可以由换流回路中的变压器漏抗或其他电抗器担任。

②对直流融冰兼静止无功补偿装置，晶闸管阀工作于静止无功补偿装置模式时阀电抗器宜被旁路。

6. 控制保护装置

要求如下：

（1）控制保护装置应保证直流融冰装置能适应预定的各条线路，能满足所有线路的融冰要求。

（2）控制保护装置应具备对各模拟量和状态的测量和监视功能，事件记录和故障录波功能。

（3）控制保护装置应能按预定的程序完成直流融冰装置的启动和停止；调节直流融冰装置的直流电流输出；完成融冰模式和融冰方式的选择；实现直流侧隔离开关的自动操作等。保证线路各相导线快速、可靠和安全的融冰，并保护直流融冰设备本身不因故障损坏，不使事故范围扩大。

（4）控制保护装置能在就地或在主控室对直流融冰设备进行监视和控制，并可以通过通讯接口与站内其他监控设备和上级监控设备（或调度中心）保持信息传递。

（5）控制保护装置应进行冗余配置。

7. 交流侧滤波器

要求如下：

（1）交流侧滤波器主要用于滤除直流融冰装置交流侧特征谐波，同时用于补偿直流融冰装置消耗的无功功率；

（2）应根据系统分析的结果确定设置交流滤波器的配置；

（3）交流侧滤波器宜采用单调谐滤波器结构，由电抗器和电容器组成；

（4）电抗器的技术要求按照《电力变压器 第6部分：电抗器》（GB/T 1094.6—2011）执行；

（5）电容器的技术要求参照《标准电压1kV以上交流 电力系统用并联电容器 第1部分：总则 性能、试验和定额 安全要求 安装和运行导则》（GB/T 11024.1—2001）和《高压直流输电系统用并联电容器及交流滤波电容器》（GB/T 20994—2007）执行。

8. 直流电压和直流电流测量设备

要求如下：

(1)直流电压分压器宜采用阻容分压器,应符合《高压直流输电系统直流电压测量装置》(GB/T 26217—2010)中的规定;

(2)直流电流测量设备,宜选用电子式互感器,应符合《高压直流输电系统直流电流测量装置　第 1 部分:电子式直流电流测量装置》(GB/T 26216.1—2010)中的规定;

(3)直流电压和电流测量设备应具有良好的暂态响应和频率响应特性,且满足直流融冰装置控制保护系统的测量精度要求。

9. 直流侧隔离开关和融冰开关

要求如下:

(1)直流侧隔离开关和融冰开关应满足直流融冰装置最大输出直流电流和直流电压的要求;

(2)选用交流隔离开关代替直流隔离开关时,隔离开关标称额定电流有效值不小于额定直流电流,其标称额定电压的有效值不小于额定直流电压值;

(3)直流侧隔离开关和融冰开关应具有一定的小电流开断能力,其数值根据设计方案确定。

(4)其他要求按照《高压交流隔离开关和接地开关》(GB 1985—2004)和《高压开关设备和控制设备标准的共用技术要求》(GB/T 11022—2011)执行。

10. 直流侧避雷器

要求如下:

(1)应符合《高压直流换流站无间隙金属氧化物避雷器导则》(GB/T 22389—2008)中的规定;

(2)应选用无间隙金属氧化物避雷器;

(3)应考虑融冰装置输出直流电压的纹波波动和融冰线路感应电压的影响;

(4)应校验避雷器的通流容量。

11. 其他辅助设备

要求如下:

(1)其他辅助设备主要包括交流断路器、隔离(接地)开关、电流互感器、电压互感器、避雷器、绝缘子、套管、电缆、照明设施、采暖通风设施和图像监视设备等;

(2)交流断路器的技术要求按照《高压开关设备和控制设备标准的共用技术要求》(GB/T 11022—2011)和《高压交流断路器》(GB 1984—2003)等执行,应选用 SF_6 断路器或真空断路器;

(3)隔离(接地)开关的技术要求按照《高压开关设备和控制设备标准的共用技术要求》(GB/T 11022—2011)和《高压交流隔离开关和接地开关》(GB 1985—2004)执行;

(4)互感器的技术要求按照《电流互感器》(GB/T 1208—2006)执行;

(5)避雷器、绝缘子和套管、电缆等辅助设备的技术要求按照相应国家标准执行。

3.1.3　直流融冰装置运行和维护

要求如下:

(1)直流融冰装置应作为变电设备进行正常的巡视和维护。

（2）直流融冰装置阀厅内部温度应保持在5~35℃范围内，湿度应保持在35%~85%范围内。

（3）控制系统及保护装置应一直处于运行状态，防止装置受潮。

（4）水冷系统在融冰装置不运行时可以不投入运行，但要进行定期启动并检查，在冬季应保持运行，防止冷却水结冰。

（5）每年覆冰期来临前，应至少进行一次"一相对一相"和"一相对两相"融冰方式刀闸切换功能试验，应至少进行一次开路试验和零功率试验，检验装置工作正常，保证需要融冰时能正常投入。

（6）对兼有静止无功补偿功能的直流融冰装置，非覆冰期作为静止无功补偿装置运行，在每年覆冰期来临前应转换为直流融冰模式至少进行一次开路试验和零功率试验。

（7）直流融冰装置在冬季运行，在夏季多为停运状态，为确保直流融冰装置状态正常，夏季常需对其进行相关检测试验，但由于直流融冰装置相对站内其他设备绝缘水平较低，在相关检测试验过程中可能由于过电压而造成设备损坏，夏季检测时需要安装避雷器等装置，以确保融冰装置安全运行。

3.2　直流融冰装置的融冰方法

直流融冰装置作为电力系统中比较特殊的设备，其融冰只在冬季线路覆冰的情况下需要运行，若冬季线路无覆冰情况发生，大部分时间则都处于冷备用的状态。设备经过长期闲置后，在需要进行融冰工作时，系统可能无法正常运行。

直流融冰装置在不承担融冰工作时，可以考虑对其稍加改造，使其既可用于直流融冰，在闲置时间段又可以将其用于其他功能，如兼顾可控电抗器、提供线路需要的感性无功功率、进行动态无功补偿，这样可以充分利用直流融冰设备，同时有效地解决电网日常运行中遇到的无功不足等问题。

3.2.1　直流融冰装置分类

直流融冰装置根据其是否能移动，分为固定式直流融冰装置和移动式直流融冰装置两类，如图3.1所示。固定式直流融冰装置安装在变电站内部，其电源由整流变压器通过系统提供，通过直流融冰装置输出直流融冰电流进行融冰，其连线示意图如图3.2所示。固定式直流融冰装置操作简单，装置电源由变电站内部系统电源提供，设计容量可以满足500kV线路融冰需求。例如，南方电网西电东送主通道上的500kV桂林变电站所安装的直流融冰装置是目前线路融冰长度最长的直流融冰装置，可以对长度超过300km的500kV线路进行融冰，其装置额定功率为225MVA，额定融冰电流为4.5kA，额定直流电压为±25kV。移动式直流融冰装置分为站间移动式直流融冰装置和小容量移动式直流融冰装置。站间移动式直流融冰装置由交流供电系统或发电车供电系统、整流变压器、可控硅整流电源和控制保护系统等组成，为便于在不同变电站间移动，这些装置采用基于集装箱式的结构，其容量较小，一般不超过25MVA。小容量移动式直流融冰装置由发电机、变压器、可控硅整流电源和控制保护系统等组成，这些装置可以放置在平板车上随车移动，因而可以完成架空线路中任意段的融冰，其融冰方案如图 3.3 所示。目前国内移动式直流融冰装置的电源一般由发电车提供，其容量较小，例如，在贵州铜仁变电站成功完成 500kVA 移动式直流融冰装置所有预定系统试验项目以及测试项目，试验线路为铜仁 110kV 川太锦线，线路长度为 2.5 km，以 500 kVA 发电车作为电源，试验电流最大为 500A，试验过程中线路、金具、接头和融冰装置各设备均正常运行。

(a) 固定式直流融冰装置　　　　　　　(b) 移动式直流融冰装置

图 3.1　直流融冰装置

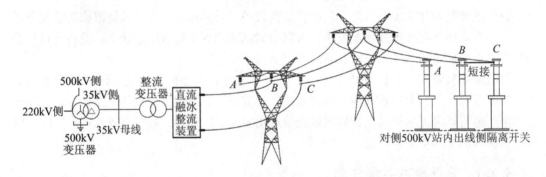

图 3.2　固定式直流融冰示意图

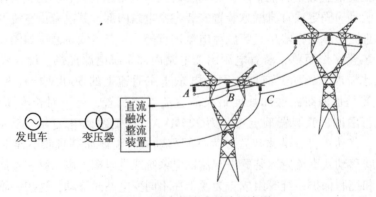

图 3.3　移动式直流融冰示意图

3.2.2 直流融冰接线方式

（1）对于"±"直流输电线路，融冰时直接把"+"导线和"-"导线在某处短接，如图 3.4 所示。对于 LGJ—4×400 的输电线路，若融冰线路长度为 200km，即"+"、"−"导线的总长为 400km，假设当融冰电流为 4524A 时，可得融冰电源的参数要求为：容量 151.2MVA，电压 33.6kV。对于 LGJ—2×240 输电线路，若融冰线路长度为 100km，即"+"、"−"导线的总长为 200km 时，融冰电源的参数要求为：容量 26.4MVA，电压 17.2kV。

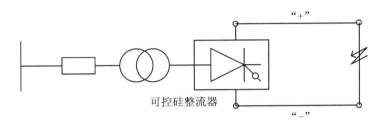

图 3.4 "±"直流输电线路直流融冰接线示意图

（2）对于三相交流输电线路，推荐以下两种融冰方法：

①如图 3.5(a)所示，分两步完成融冰，第一步把 A、B 两相短接起来，通直流电流后使 A、B 两相上的冰层融化。第二步把 A、B 两相并联后与 C 相串联，通直流电流后使 C 相上的冰层融化。第一步的融冰方式与"±"直流输电线路相同，故其对电源的参数要求也与图 3.4 所示的方法相同。第二步把 A、B 两相并联后，线路总电阻小于第一步，对融冰电源的参数要求比第一步低，故电源参数的选取要以第一步为准。

②如图 3.5(b)所示，分三步完成融冰：第一步把 A、B 两相并联再和 C 相串联，使 C 相上的冰层融化；第二步把 B、C 两相并联再和 A 相串联，使 A 相上的冰层融化；第三步把 A、C 两相并联再和 B 相串联，使 B 相上的冰层融化。这种融冰方法对电源的参数要求如下：对于 LGJ—4×400 的输电线路，若融冰线路长度为 200km，假设直流融冰电流为 4524A，可得融冰电源的参数要求为：容量 113.4MVA，电压 25.2kV；对于 LGJ—2×240 输电线路，若融冰线路长度为 100km，融冰电源的参数要求为：容量 19.8MVA，电压 12.9kV。

以上两种方法中，方法②的电源容量和电源电压比方法①减小了 25%，但方法②的操作比方法①多一步，操作更繁琐。

3.2.3 直流融冰装置的 SVC 模式

通过对直流融冰装置进行适当的改造，可以使直流融冰装置实现无功控制 SVC 的功能。基本方法是，在融冰装置的一次设备中增加电抗器、开关等设备，在控制保护系统中设置相应无功补偿功能，并根据交流母线上的谐波情况配置相应的滤波器，使直流融冰装置成为静止无功补偿器(SVC)，对交流系统无功和电压进行快速、连续的补偿。

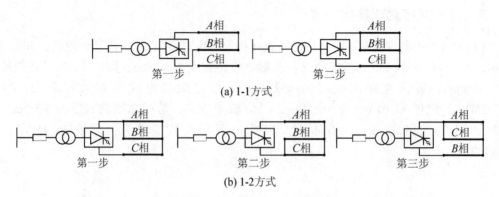

(a) 1-1方式

(b) 1-2方式

图 3.5　三相交流输电线路实施直流短路融冰接线示意图

　　直流融冰装置在 SVC 融冰方式下运行时，可以向交流系统提供感性无功功率，而且无功功率大小可以快速、连续地调节。直流融冰装置作为 SVC 运行时，对系统的谐波影响很小，不需要配置滤波器组也能保证母线电压的谐波畸变率符合国家相关标准。因此，在直流融冰装置做 SVC 方式运行时，35kV 母线上其他负荷都不需要退出，可以正常运行。如果 35kV 母线配置 11、13 次及高通滤波器组或电容器组，那么融冰装置处于 SVC 模式运行时，通过滤波器组或电容器组与融冰装置配合，还可以向交流系统提供感性或容性无功功率，实现双向无功调节。而且补偿无功功率的大小同样可以快速、连续地调整，可以有效抑制 35kV 母线电压幅值在正、负两个方向的波动。

3.3　利用换流站装置的直流融冰方法

　　直流输电线路，特别是国内在建的特高压直流输电线路，在进行直流融冰时，可以考虑利用直流输电线路已有的换流装置输出融冰电流进行线路融冰。受实际线路条件和换流装置的影响，不同的输电线路应用的方法可以不同。

　　直流换流站融冰最重要的是直流输电线路融冰电流的求取，以确定线路的额定电流或者长期过载电流能否满足线路融冰的要求。

3.3.1　背靠背运行方式下的融冰

　　在冬季对于有些换流站，虽然有些线路的长期过负载电流达不到线路的融冰电流的要求，但可以达到线路保线电流，因此可以充分结合冬季的负荷特点。

　　1. 高负荷时

　　在高负荷时段，高压直流系统负荷较大，线路电流接近或达到额定直流电流，此时线路发热量基本可以预防覆冰的形成。即使环境温度很低或已有少量覆冰形成，由于一般的直流输电系统都有 10% 的过负荷能力，可以充分的利用系统短时过负荷能力，达到预防覆冰形成的目的。

　　2. 低负荷时

　　在低负荷时段，受整流端系统功率不足的限制，直流线路电流将远小于额定电流，若此时遇到低温雨雪天气，易产生覆冰灾害。针对这种情况，预防性融冰方案需要同时实现两个目标：

(1) 高压直流系统的总输送功率应该较小；

(2) 直流线路电流应尽可能增大，至少达到额定值左右。

令高压直流工程的两个极功率方向相反，一极正向传输功率，另一极反向传输功率，可以同时实现上述两个目标。采用这种方案，单个极传输的功率可以很大，用于产生额定的直流电流。而由于两个极的功率方向相反，当两个极功率大小相近时，高压直流系统的总传输功率很小，甚至可以使某一端换流站的总交换功率为 0，而另一端换流站的双极总功率全部用于线路融冰损耗。该预防性融冰方案如图 3.6 所示。

3.3.2 双极并联运行方式下的融冰

如果大量覆冰形成并威胁到杆塔，同时线路的最大负载电流已经达不到保线电流要求，就需要在很短时间内融化覆冰。此时，为了达到融冰电流的要求，必须采取紧急融冰方案，提供较大的线路电流，迅速融化已形成的覆冰。

要获得很大的电流，可以用双极并联的形式来获取所需要的融冰电流，然而换流器的电流并没有发生变化。鉴于直流输电的换流器电流具有很好的可控性，因此这种融冰方式也具有很好的可控性，直接通过改变电流指令就可以达到所需要的融冰电流。但是该融冰方式需要改变线路的拓扑结构，因此需要增加引线、开关、电流互感器以及电压互感器。需要注意的是，此时系统中只能有一极的中性点接地，用于提供所需要的电压参考。

正常情况下，当线路中的电流为额定电流的 2 倍时，系统输送的功率和双极系统正常运行下输送的功率相同。其方案拓扑结构如图 3.7 所示。

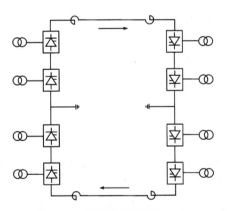

图 3.6　背靠背直流融冰方式

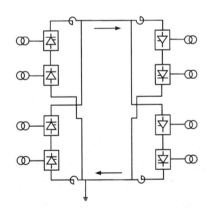

图 3.7　双极并联直流融冰方式

所消耗的无功可以由以下公式计算

$$Q_{conv} = \frac{1}{4} I_d U_{dio} \frac{2\mu + \sin 2\alpha - \sin 2(\alpha + \mu)}{\cos\alpha - \cos(\alpha + \mu)} \tag{3-1}$$

式中：I_d——直流线路上流过的电流；

U_{dio}——系统电压;

α——触发角;

μ——换相重叠角。

从式(3-1)可以看出,无论是双极并联直流融冰系统、背靠背直流融冰系统还是双极直流输电系统,在额定条件下运行时上述四个参数基本相同,故其所需要的无功功率基本相同,因此不需要对双极直流输电系统的滤波器和无功补偿装置进行变动,原有的装置就可以满足要求。

3.4　交流直流融冰方法比较

交流融冰与直流融冰过程一样,利用导线上通过电流产生的焦耳热使导线上覆冰融化。对于交流电流融冰,导体内层与其表面相比较,交链的磁通量较多,感应的反电动势较大,故导体内层的电流密度较小,电流更多的分布于导体表面,致使交流电阻增大。由于集肤效应的影响,同一导线的交流电阻大于其对应温度下直流电阻。在交流电流作用下,钢芯铝绞线中钢芯的磁滞和涡流同样阻碍了导体内部的磁场变化,但与集肤效应的影响相比较小,可以忽略不计。

电工手册中提供的20℃时导线直流电阻值 $R_{dc,20}$,由于在较大范围内,电阻值与温度的变化呈线性关系,因此,计及集肤效应的导线在温度为 T 时交流电阻 $R_{ac,T}$ 可以表示为

$$R_{ac,T}=(1+k_f)R_{dc,T} \tag{3-2}$$

$$R_{dc,T}=R_{dc,20}\left[1+\alpha_{20}(T-20)\right] \tag{3-3}$$

$$k_f=\frac{\left(\dfrac{8\pi f\times10^{-7}}{R_{dc,T}}\right)^2}{192+0.8\left(\dfrac{8\pi f\times10^{-7}}{R_{dc,T}}\right)^2} \tag{3-4}$$

式中: α_{20}——电阻温度系数,对铝导体 $\alpha_{20}=4.0\times10^{-3}/℃$;

T——温度,℃;

$R_{dc,T}$——温度 T 下导线直流电阻率,Ω/m;

k_f——集肤效应系数;

f——电源频率,Hz。

直流融冰没有集肤效应和电磁涡流效应,故焦耳热功率即为其发热功率。而交流融冰因为有集肤效应,使导线交流电阻大于直流电阻,在电流大小相等的情况下,交流融冰的焦耳热功率大于直流融冰的焦耳热功率。考虑集肤效应,并且忽略交流电磁涡流效应,交流的发热功率可以表示为

$$P_{ac}\approx P_j=I^2R_{dc} \tag{3-5}$$

融冰时,当交流电流有效值和直流电流有效值相等时,影响其焦耳热功率的主要是电阻的大小。

但是对于交流短路融冰,由于施加电源频率的影响,融冰过程中的负荷(导线)不仅仅表现为电阻(R),还必须考虑导线的电感和电容。由于受到电源容量的限制,交流短路

融冰线路一般不会很长，线路电容相比线路电感较小，为简化其计算，只考虑线路的感抗，交流短路融冰等效电路和向量图如图 3.8 所示，令 $Z = R + j\omega L$，则交流短路融冰时需要提供的有功功率为

$$P = UI\cos\varphi = I^2R \tag{3-6}$$

交流短路融冰时需要提供的无功功率为

$$Q = UI\sin\varphi = I^2\omega L \tag{3-7}$$

交流短路融冰时需要提供的电源容量（S_{ac}）为

$$S_{ac} = \sqrt{P^2 + Q^2} = I^2\sqrt{R^2 + (\omega L)^2} \tag{3-8}$$

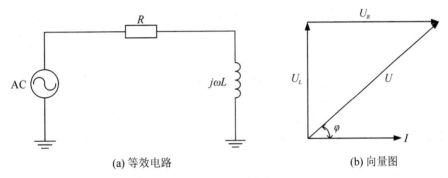

(a) 等效电路   (b) 向量图

图 3.8 交流短路融冰的等效电路

融冰需要的最小电源容量是指在临界融冰条件下系统需要提供的电源容量，假设需要进行融冰的线路长度 $l = 100$km，需要系统提供的有功功率、无功功率以及电源容量如表 3.1 所示。

表 3.1   **典型导线交直流短路融冰所需最小电源容量**

导线型号	R_{dc} /(Ω)	R_{ac} /(Ω)	L /(H)	I_{dc} /(A)	I_{ac} /(A)	S_{dc} /(kW)	P_{ac} /(kW)	Q_{ac} /(kVar)	S_{ac} /(kVA)
LGJ—70	38.58	38.58	0.17	217.5	220.23	1825.08	1871.18	15229.39	15343.92
LGJ—240	11.25	11.25	0.16	440	445.96	2178.00	2237.40	62448.42	62488.49
LGJ—400	6.75	7.68	0.16	602	571.49	2446.23	2508.29	102552.66	102583.33
LGJ—720	3.75	5.71	0.15	857	704.85	2754.18	2836.81	155999.45	156025.24

注：表中角标 ac、dc 分别表示交流以及直流；R、L 分别表示每 100km 导线的电阻、感抗；I 为短路融冰的临界流；P、Q、S 分别为有功功率、无功功率以及电源容量。

由表 3.1 可知，在临界融冰条件下，因为线路感抗的影响，交流融冰除需系统提供有功功率外，还需要系统提供无功功率，并且无功功率的需求是有功功率的数倍到数十倍。在直流融冰时线路阻抗的感性分量不起作用，降低了融冰电源所需的容量，提高了融冰效率。

在采用交流短路融冰时，融冰电源的取得有由系统提供的全电压冲击合闸和由发电机单独提供的零起升流两种方式。

全电压冲击合闸是先将融冰线路的一端短路，另一端以系统作为融冰电源，控制断路器对三相短路线路进行全电压冲击合闸。对于高电压等级的线路融冰，在无功备用不足的情况下，冲击合闸方式可能会引起系统不稳定。因此，采用冲击合闸方式需要满足短路电流不能超过融冰回路中所串线路的最大允许电流，系统中无功备用要充足等条件。冲击合闸不可多次操作，否则会增加断路器等一次设备的损坏风险。

发电机零起升流是指将线路末端短路，在融冰线路与发电机、变压器组成单独电气回路的状态下，通过缓慢增加发电机励磁电流逐步使线路电流增至一定数值，从而使线路发热融冰。实施零起升流融冰的关键在于发电机是否具有零起升流的能力和能否提供输电线路融冰所需电流的能力。零起升流融冰法单独形成子系统，不用考虑对系统的影响。一般情况下，这种方法只适合于融冰电流较小的输电线路，且要求发电机容量较大。

交流短路融冰相对于那些抗冰能力弱，难以进行技术改造的线路而言，是一种有效的融冰措施，尤其对于覆冰速度缓慢的线路效果更好，但耗电量非常大。短路电流融冰仅对220 kV 及以下电压等级线路可行，对 500kV 以上高电压等级线路进行短路电流融冰时，需要的无功功率非常大，往往难以提供足够大的电源，故高电压等级线路采用短路融冰方案不可行。

交流电流融冰技术虽是目前国内外较为成熟的融冰方法，但由于其电源容量的限制，无法解决 500kV 及以上电压等级的大截面面积导线和 200km 以上长线路融冰。

直流融冰技术则可以弥补交流融冰方法的不足，直流融冰所需的电源容量只取决于融冰线路的电阻和长度。由于 500kV 线路采用分裂导线，线路的分布电容大，而直流电阻只有交流阻抗的 10% 左右，因此，在相同条件下，直流融冰比交流融冰所需容量小得多，直流融冰时直流电压连续可调，可以满足不同长度线路的融冰需要，且不需要进行阻抗匹配，也降低了融冰对电力系统运行方式的苛刻需求。现代直流技术的进步和大电流可控整流元器件的开发，以及 HVDC 技术具有的定电流、定电压等良好控制特性，促进了直流融冰技术的发展。

☞**参考文献**

[1]赵国帅，李兴源，傅闯，黎小林，王渝红，夏炜．线路交直流融冰技术综述[J]．电力系统保护与控制，2011(14)：148~154.

[2]饶宏，李立涅，黎小林，傅闯．南方电网直流融冰技术研究[J]．南方电网技术，2008（2）：7~12，36.

[3]王超．输电线路直流融冰技术研究[D]．北京：华北电力大学，2011.

[4]范松海．输电线路短路电流融冰过程与模型研究[D]．重庆：重庆大学，2010.

[5]傅闯，许树楷，饶宏，黎小林，陈亦平，李立涅．交流输电系统直流融冰装置设计及其应用[J]．高电压技术，2013(3)：705~711.

[6]范松海，蒋兴良．输电线路交直流融冰热平衡过程及融冰条件分析[C]．2008 年全国

博士生学术论坛——电气工程, 2008.11.7.

[7] 樊艳. 直流融冰技术在 500kV 变电站中的应用研究[J]. 低碳世界, 2014(3): 70~72.

[8] 陈艳华. 基于 500kV 线路直流融冰装置应用[D]. 南昌: 南昌大学, 2009.

[9] 陈健源. 架空导线临界电流防冰系统及其影响因素分析[D]. 长沙: 长沙理工大学, 2013.

[10] 傅闯, 饶宏, 朱功辉, 黎小林, 晁剑, 陈松林, 田杰, 赵立进, 许树楷. 南方电网直流融冰技术的研究与应用[C]. 第二届全国架空输电线路技术研讨会, 2009.6.17.

[11] Robert I. Egbert, Robert L. Schrag, Walter D. Bernhardt et al. An Investigation of Power Line De-Icing by Electro-Impulse Methods [J]. IEEE Transactions on Power Delivery, 1989, 4(3): 1855-1861.

[12] J. D. McCurdy, C. R. Sullivan, and V. F. Petrenko, Using dielectric losses to de-ice power transmission lines with 100 kHz high-voltage excitation[C]. Conference Record of the 2001 IEEE Industry Applications Conference, 2001(14): 2515-2519.

第4章　地　线　融　冰

架空地线是高压输电线路的重要组成部分，具有防雷、通信及维护线路三相平衡的作用。输电线路相导线融冰技术的研究和应用已较为普遍，但对于地线融冰技术的应用还相对滞后。当地线严重覆冰，尤其在铁塔两侧地线或同侧两根地线覆冰厚度差异较大时，塔头受到的不平衡力矩加剧，当塔头不能承受此荷载时，塔头的薄弱部件开始损坏变形，最终导致地线掉落或杆塔倒塌。地线覆冰越厚，地线所受的张力越大，当张力超过地线的拉断力时，即引起地线的断裂。相导线、地线均覆冰时，如果只对相导线进行融冰，则相导线融冰后，其高度上升，使相导线、地线间的距离减小，当相导线、地线间的距离小于安全距离时，相导线对地线放电，不仅产生线路接地故障，还易导致地线断线。因此在一次输电线路融冰中，不仅需要对相导线进行融冰，也需要解决如何对地线进行融冰。

4.1　地线融冰的特殊性

与导线的接线方式相比较，地线与杆塔接线方式不同，地线融冰具有其自身的特殊性。

4.1.1　架空地线的作用

输电线路跨越广阔的地域，在雷雨季节容易遭受雷击而引起送电中断，成为电力系统中发生停电事故的主要原因之一。安装架空地线可以减少雷害事故，提高线路运行的安全性。

1. 架空地线的防雷作用

地线的防雷作用体现在三个方面：①减少了雷电直击导线的机会，降低了线路绝缘子串承受的雷电过电压幅值。当雷击于塔顶或地线上时，塔身电位很高，加在绝缘子串上的电压等于塔身电位与导线电位之差，这个电压一般远比雷电直接击中导线时绝缘子串上的电压低，不会导致闪络放电。但是，如果接地电阻很大，则塔身电位将会很高，这时就会发生反击。②地线对导线有耦合作用。当雷击塔顶或地线时，由于地线与导线间存在耦合作用，导线电位将抬高，使绝缘子串上的电压降低，从而减少反击发生的概率。③地线的屏蔽作用。地线对相导线具有屏蔽作用，可以减小相导线的雷电感应过电压。

2. 限制工频过电压和潜供电流

由于输电线路相导线间存在电场及磁场的相互耦合，当线路发生单相接地故障时，非故障相的能量通过电磁耦合传递到故障点，形成难以熄灭的潜供电流。存在地线时，地线电流对故障导线的电磁耦合作用与工作导线对故障相的耦合作用相反，可以降低潜供电流的大小。

3. 维护线路的三相平衡，减小对通信线路的干扰

三相平衡是对输电线路的基本要求，三相输电线路只有在空间完全对称时，才可能实现三相平衡。架空输电线路通过换位的方式有效提高了三相对称性，但在线路发生故障时三相平衡性将遭到破坏。架空地线接地时，地线上的感应电流对维持三相系统的平衡具有一定作用。地线在维持线路三相平衡的同时，也减小了输电线路对周围通信线路的电磁干扰。

4. 通信作用

现代化电网尤其是未来的智能电网越来越依赖于为其传送运行控制、生产管理信息的电力通信网。随着电网的不断发展，电力系统对电力通信提出了更高的要求。而电力信息产业除了要为电力系统内部服务外，将来还要向社会提供电信业务的服务，以争取更大的社会效益和经济效益。因此电力系统必须从实际需要出发，发展电力系统通信网络、建设高可靠性的传输通道。

利用电力系统特有的架空线路走廊资源发展通信网络，成为各国通信线路专家研究的新课题。光纤复合架空地线(Optical Fiber Composite Overhead Ground Wire, OPGW)是集通信及避雷线功能于一体的特种光缆，由于光缆媒介具有抗电磁干扰、自重轻等优越性能，使其适合于在输电线路上建设光纤通信网。因其安装在电力架空线路杆塔顶部，无需考虑最佳挂点、电磁腐蚀、人为破坏等不利因素，从20世纪80年代初，OPGW以其优越的机械性能、电气性能及良好的经济性和实用性在变电站与中心调度所之间传送调度电话、远动信号、继电保护、电视图像等信息，对确保电力系统的安全起着重要通信作用。

4.1.2 架空地线常规接地方式

1. 架空地线接地方式

为综合考虑防雷及地线节能降耗效果，在目前的500kV架空地线施工过程中，通常采用分段绝缘、单点接地方式。在一个耐张段内地线绝缘，小号侧架空地线端点与杆塔绝缘，大号侧架空地线端点与铁塔接地，且其放电间隙能保证在雷击时，间隙可靠击穿，既能降低一定的电能损耗，同时其防雷性能不受影响。

2. 光纤复合架空地线(OPGW)接地方式

由于OPGW通信的特殊性以及纤芯接续的需要，要实现OPGW分段绝缘，需首先解决OPGW的光电分离以及OPGW在塔身内部的绝缘问题。目前OPGW光电分离技术应用还不广泛，而且其成本相应也比较高；同时，在OPGW雷击时如果其间隙不能可靠击穿，容易造成OPGW电弧烧断，因此在目前OPGW施工中，普遍采用逐塔接地方式。

3. 存在的主要问题

由于受防雷性能等方面要求的影响，在目前架空地线接地方式下，主要会造成两个方面的问题：①由于地线采用端点接地方式，OPGW采用逐塔接地方式，交流线路感应电流在地线(OPGW)间形成环流，造成电能损耗，初步估算其损耗占到线路损耗的90%左右；②地线覆冰对线路安全运行造成很大影响，目前线路融冰技术已经得到了广泛的应用，由于在目前的接地方式下无法实现地线融冰，地线断裂等事故对线路安全稳定运行造

成很大的影响。

4.1.3　地线覆冰的危害

输电线路覆冰厚度超过极限值，将引起线路倒塔，导致电网崩溃，造成灾难性后果，对此，电力部门引起了高度的重视。相导线融冰技术的研究和应用已较为普遍，但对地线融冰技术的应用还相对滞后，地线覆冰对电力系统的影响也是不可忽视的。

1. 造成铁塔损坏

当地线严重覆冰，尤其在铁塔两侧地线或同侧两根地线覆冰厚度差异较大时，塔头受到的不平衡力矩加剧，当塔头不能承受此荷载时，塔头的薄弱部件开始损坏变形，最终将导致地线掉落或杆塔倒塌。

2. 引起地线断裂

地线覆冰越厚，地线所受的张力越大，当张力超过地线的拉断力时，即引起地线的断裂。地线覆冰也可能导致地线高度降低，减小相导线、地线间的高度差，若地线覆冰后再发生舞动，会导致地线与相导线间的距离小于安全距离，相导线会向地线发生多次放电产生高温电弧，将外层单丝熔断，其余股线不足以承受地线的张力，最终断线，引起线路跳闸。

3. 缩小相导线与地线的安全距离

相导线和地线同时覆冰时，如果只对相导线进行融冰，则相导线融冰后，其重量减轻，弧垂高度上升，使相导线、地线间的距离减小，当相导线、地线间的距离小于安全距离时，相导线对地线放电，产生线路接地故障。

4. 影响系统通信

OPGW 地线不仅在因覆冰或相导线对 OPGW 地线放电而断裂时造成通信中断，即使在 OPGW 非断裂的情况下，覆冰对光纤的传输质量也存在很大影响：①OPGW 地线覆冰使光纤所受的拉伸力增加，导致传输的拉伸衰减，影响信号的传输质量；②光纤因覆冰被拉伸过度而造成内部纤芯有断点，影响传输质量；③光缆覆冰后发生舞动，导致 OPGW 光缆与相导线间的距离小于安全距离，相导线向 OPGW 发生多次放电产生高温电弧，将外层单丝熔断，其余股线不足以承受 OPGW 的张力，最终断线；④OPGW 光缆中断，引起线路跳闸或杆塔受到不平衡张力引起塔头折断或杆塔倒塌等。

4.1.4　地线绝缘的意义

1. 地线感应损耗的消除

随着我国电力输送容量的增大和输电网电压等级的提高，尤其是超高压交流输电的出现，线路工况下由相导线电流和地线之间磁耦合而导致的地线损耗，逐渐成为输电线路经济运行的一个重要参数。从节能和建设环境友好型电网的角度出发，为减小工况下交流输电线路由相导线和地线的磁耦合而导致的地线损耗，人们提出了通过改善地线接线方式来降低地线系统电能损耗的各种措施，主要包括：地线和铁塔之间接入复合阻抗，地线分段绝缘，地线换位，地线开环等，这些技术为降低地线损耗提供了重要的参考，也使得地线系统的接线方式更为复杂。

由于相导线与地线间存在电场及磁场的相互耦合,当地线与大地或两条地线间存在回路时,架空地线上将产生很大的感应电流,因而,架空地线上存在着焦耳损耗。在电网发展的初期,由于电网规模小,电压等级低,架空地线的损耗没有引起人们的足够重视,但随着电网规模的不断扩大,电网输送容量的增加,架空地线的损耗问题受到人们的广泛关注。

相关研究资料显示,220kV 单回线路的地线损耗为 $0.5\times10^3 kW\cdot h/(km\cdot year)\sim1\times10^3 kW\cdot h/(km\cdot year)$,330kV 输电线路的地线损耗约为 $0.6\times10^3 kW\cdot h/(km\cdot year)$,500kV 输电线路的地线损耗约为 $50\times10^3 kW\cdot h/(km\cdot year)$。美国 765kV 输电线路,其地线损耗约为 $24\times10^3 kWh/(km\cdot year)$,仅 765kV 线路每年的地线损耗费用高达百万美元,数额相当可观。因而,降低地线的电能损耗应当引起人们足够的重视。

从根本上说,如果能切断地线感应电流所形成的回路,则能完全消除地线的能耗,这就是目前提出的地线绝缘技术。地线绝缘即在地线和铁塔间安装绝缘间隙,从而切断地线中流过的感应电流。

2. 对地线进行融冰的需要

2008 年以来,我国南方、华中、华东地区出现了历史上罕见的低温雨雪凝冻灾害,对电网造成了极大破坏,大面积停电使国民经济建设及人民生活都受到严重影响。为了"建设人民放心的电网",南方电网组织了电力设计、科研、制造单位,对事故线路进行了抗冰改造,同时启动了融冰技术研究及应用,以提高电网的抗冰灾保障能力。

目前输电线路融冰技术已相对比较成熟,在南方电网超高压公司、贵州电网公司以及各地市供电局均有比较成熟的应用。只对相导线进行融冰,难以确保线路安全稳定运行。目前已经出现了多起因地线无法融冰导致线路故障的事件。因而,对相导线进行融冰的同时,必须考虑对地线进行融冰的问题。对地线进行融冰必须考虑地线的绝缘。

3. 地线融冰与地线降损具有一致性

要实现对地线融冰,满足地线融冰的技术要求,首先需要解决地线绝缘问题,而解决地线降耗问题也是从地线绝缘的角度考虑。因此对地线进行融冰技术的措施和地线降耗的措施两者对地线绝缘运行方式的要求具有一致性,地线融冰和地线降耗的问题可以一并进行。

4.2 地线全绝缘对线路的影响

为对地线进行直流融冰,必须改变地线现有的运行方式,使需要融冰的段落对地(杆塔)绝缘。但由于地线主要的作用是保证线路防雷性能、通信及维持线路三相平衡,在改变地线的运行方式后,即地线全绝缘后对线路运行的影响需进行分析。

4.2.1 对感应电压的影响

地线(OPGW)实现全绝缘后,当线路正常运行时,在地线(OPGW)上会产生非常高的感应电压,对同塔双回线路,由于两回线路之间存在静电耦合和电磁耦合,一回线路运行,另一回线路停电检修时,地线上也将产生感应电压,给检修工作人员的安全带来一定的威胁。在接地线与地线接触后，接地线上也将流过一定的感应电流，感应电流的大小与另一运行线路所带负荷及线路结构有关。如果感应电流较大，在接地线与地线接触或脱离的瞬间会产生很大电弧，电弧产生高温会烧伤导线，严重时造成地线断股。在线路停电期间，由于地线（OPGW）全线绝缘，从附近其他的交流线路耦合的感应电压也比较大，因此必须针对地线全绝缘后地线的感应电压进行计算。

输电线路运行过程中，导线中流过一定的电流，在其周围形成磁场，架空地线处于该磁场中，其上会产生电磁感应电压。电磁感应矩阵为 $[U] = [Z] \cdot [I]$。应用到单回输电线路系统中，则导、地线上的感应电压与感应电流关系式为

$$
\begin{bmatrix} U_1 \\ U_2 \\ U_A \\ U_B \\ U_C \end{bmatrix} = \begin{bmatrix} Z_{11} & Z_{12} & Z_{1A} & Z_{1B} & Z_{1C} \\ Z_{21} & Z_{22} & Z_{2A} & Z_{2B} & Z_{2C} \\ Z_{A1} & Z_{A2} & Z_{AA} & Z_{AB} & Z_{AC} \\ Z_{B1} & Z_{B2} & Z_{BA} & Z_{BB} & Z_{BC} \\ Z_{C1} & Z_{C2} & Z_{CA} & Z_{CB} & Z_{CC} \end{bmatrix} \begin{bmatrix} I_1 \\ I_2 \\ I_A \\ I_B \\ I_C \end{bmatrix} \tag{4-1}
$$

式中：$[U]$——导、地线电压降矩阵；

$[Z]$——导、地线全阻抗矩阵，对角元素 Z_{ii} 表示导线的自阻抗，非对角元素 Z_{ij} 表示互阻抗；

$[I]$——导线负荷电流及地线感应电流矩阵。

1. 自阻抗

单根导体与大地回路的自阻抗计算方法如下：

如图 4.1 所示的一根导线 aa'，其中流过电流 I_a'，经大地回流。电流在大地中要流经相当大的范围，分析表明，在导线垂直下方大地表面的电流密度较大，愈往大地纵深电流密度愈小，而且这种倾向是随电流频率和土壤电导率的增大而愈加显著的。这种回路的阻抗参数的分析比较复杂，20 世纪 20 年代，卡尔逊曾经比较精确地分析了这种回路阻抗。分析结果表明，这种回路中大地可以用一根虚设的导线 gg' 替代，如图 4.2 所示。其中 D_{ag} 为实际导线与虚构导线之间的距离。

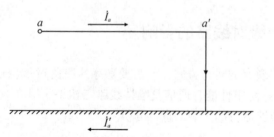

图 4.1 一根导线与大地回路示意图

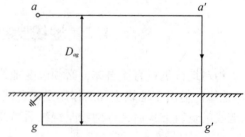

图 4.2 一根导线与大地回路计算模型示意图

在此回路中，导线 aa' 的电阻 R_a（Ω/km）一般是已知的。大地电阻 R_g，根据卡尔逊的推导为

$$R_g = \pi^2 \times 10^{-4} \times f, \quad (\Omega/\text{km}) \tag{4-2}$$

式中，当 $f = 50\text{Hz}$ 时，$R_g = 0.05\,\Omega/\text{km}$。

分析回路电抗，当一根无限长导线中通以电流 I 时，沿导线单位长度，从导线中心到距导线中心距离为 D 处，交链导线的磁链（包括导线内部的磁链）的公式为

$$\psi = I \times 2 \times 10^{-7} \times \ln\frac{D}{r'}, \quad (\text{Wb/m}) \tag{4-3}$$

式中，r' 为导线的等值半径。若 r' 为单根导线的实际半径，则对非铁磁材料的圆形实心线，$r' = 0.779r$；对于铜或铝的绞线 r' 与绞线股数有关，一般有 $r' = 0.724 \sim 0.771r$；钢芯铝绞线取 $r' = 0.95r$；若为分裂导线，r' 应为相应导线相应的等值半径。

应用上式可以得到图 4.2 中 aa' 和 gg' 回路所交链的磁链为

$$\Psi = I_a \times 2 \times 10^{-7} \times \left(\ln\frac{D_{ag}}{r'} + \ln\frac{D_{ag}}{r_g} \right), \quad (\text{Wb/m}) \tag{4-4}$$

式中：r_g——虚构导线等值半径。

回路的单位长度电抗为

$$x = \frac{\omega\psi}{I_a} = 2\pi f \times 2 \times 10^{-7} \ln\frac{D_{ag}^2}{r' r_g} = 0.145 \ln\frac{D_g}{r'} \tag{4-5}$$

式中：D_g——电流等值深度。

根据卡尔逊推导

$$D_g = \frac{D_{ag}^2}{r_g} = \frac{660}{\sqrt{\dfrac{f}{\rho}}} = \frac{660}{\sqrt{f\gamma}}, \quad (\text{m}) \tag{4-6}$$

式中：ρ——土壤电阻率，Ω/m；

γ——土壤电导率，S/m；

当土壤电阻率不明确时，在计算时一般可以取 $D_g = 1000\text{m}$。

单根导线与大地回路单位长度的自阻抗为大地电阻 R_a、导线自电阻 R_g、单位长度电抗 x 三者的总和，即

$$Z_s = R_a + 0.05 + j0.145 \ln\frac{D_g}{r'}, \quad (\Omega/\text{km}) \tag{4-7}$$

2. 互阻抗

两个"导线—大地"回路的互阻抗：

如图 4.3 所示的两根导线均以大地作为回路，图 4.4 为其等值导线模型，其中两根地线回路是重合的。

当图 4.4 中的 bg 回路通过电流 $\dot{I}_b$ 时，则会在 ag 回路产生电压 $\dot{U}_a$，于是两回路之间的互阻抗为

$$Z_{ab} = \frac{\dot{U}_a}{\dot{I}_b} = R_g + jX_{ab}, \quad (\Omega/\text{km}) \tag{4-8}$$

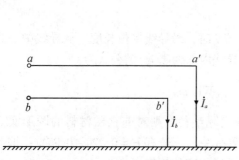

图 4.3　两根导线与大地回路图

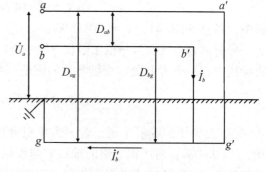

图 4.4　两根导线与大地回路等值导线模型图

为确定互感抗 X_{ab}，先分析两个回路磁链的交链情况。当 bg 回路中流过电流 $\dot{I}_b$ 时，在 ag 回路产生的磁链由两部分构成，一部分是由 bb' 中 $\dot{I}_b$ 产生，另一部分是由 gg' 中 $\dot{I}_b$ 产生。即可求得图 4.4 中 a，b 两回路的互磁链为

$$\Psi_{ab} = I_b \times 2 \times 10^{-7} \times \left(\ln\frac{D_{bg}}{D_{ag}} + \ln\frac{D_{bg}}{r_g} \right), \quad (\text{Wb/m}) \tag{4-9}$$

由于 $D_{bg} \approx D_{ag}$，并考虑 $D_g = \dfrac{D_{ag}^2}{r_g}$，所以 $\dfrac{D_{bg}D_{ag}}{r_g} \approx D_g$，代入式(4-9)后可得两回路间的互感抗为

$$X_{ab} = \omega\frac{\psi_{ab}}{I_b} = 2 \times 10^{-7} \times 2\pi f \ln\frac{D_g}{D_{ab}}, \quad (\Omega/\text{km}) \tag{4-10}$$

所以两回线路单位长度的互阻抗为

$$Z_m = R_g + j0.145\ln\frac{D_g}{D_{ab}}, \quad (\Omega/\text{km}) \tag{4-11}$$

3. 电磁感应电动势

根据相导线、地线感应电流和感应电压关系式，以及互阻抗计算公式，可以计算出避雷线 1 和 2 上每公里的电磁感应电动势 E_1 和 E_2。正常情况下 A、B、C 三相流入平衡电流，即 $\dot{I}_A = \alpha^2 \dot{I}_B = \alpha\dot{I}_C$，$\alpha = 120°$。

故对单回输电线路，对于绝缘地线，令 $\dot{I}_1 = \dot{I}_2 = 0$，则有

$$\dot{E}_1 = Z_{1A}\dot{I}_A + Z_{1B}\dot{I}_B + Z_{1C}\dot{I}_C \tag{4-12}$$

$$\dot{E}_2 = Z_{2A}\dot{I}_A + Z_{2B}\dot{I}_B + Z_{2C}\dot{I}_C \tag{4-13}$$

经代入化简得

$$\dot{E}_1 = j0.145\left(\alpha\ln\frac{d_{1A}}{d_{1B}} + \alpha^2\ln\frac{d_{1A}}{d_{1c}} \right), \quad (\text{V/km}) \tag{4-14}$$

$$\dot{E}_2 = j0.145\left(\alpha\ln\frac{d_{2A}}{d_{2B}} + \alpha^2\ln\frac{d_{2A}}{d_{2c}} \right), \quad (\text{V/km}) \tag{4-15}$$

式中：d_{1A}——避雷线 1 和导线 A 相之间的距离，其余依此类推。

上述分析针对导线和避雷线均不换位情况。定义换位系数 K，当导线换位时，$K = \dfrac{l_a + l_b \angle 120° + l_c \angle 240°}{L}$，$l_a$，$l_b$ 和 l_c 为导线 A 相依次占据 a，b，c 位置的累计长度，则式 (4-14)、式 (4-15) 中的 $\dot{E}_1$ 和 $\dot{E}_2$ 可以写为

$$\dot{E}_1' = \dot{E}_1 K = \dot{E}_1 \frac{l_a + l_b \angle 120° + l_c \angle 120°}{L}，（\text{V/km}）\qquad(4\text{-}16)$$

$$\dot{E}_2' = \dot{E}_2 K = \dot{E}_2 \frac{l_a + l_b \angle 120° + l_c \angle 120°}{L}，（\text{V/km}）\qquad(4\text{-}17)$$

若地线也进行换位，则式 (4-16)、式 (4-17) 中的和都应代之以它们的纵分量，以其中一根地线为例：在位置 1 的长度记为 L_1；在位置 2 的长度记为 L_2；l_{1a}，l_{1b} 和 l_{1c} 分别表示地线在位置 1 时导线占据 a，b，c 位置的累计长度；l_{2a}，l_{2b} 和 l_{2c} 分别表示地线在位置 2 时导线占据 a，b，c 位置的累计长度；则该地线的感应电压为

$$\begin{aligned}
\dot{E}_L &= \dot{E}_{K1} + \dot{E}_2 K_2 \\
&= \dot{E}_1 \frac{l_{1a} + l_{1b} \angle 120° + l_{1c} \angle 240°}{L_1} + \dot{E}_2 \frac{l_{2a} + l_{2b} \angle 120° + l_{2c} \angle 240°}{L_2}，（\text{V/km}）
\end{aligned}\qquad(4\text{-}18)$$

4.2.2 对防雷性能的影响

一般情况下架空输电线路防雷采取三大措施，一是"引"，二是"疏"，三是"堵"。其中，"引"是指通过架设地线，将雷电引向地线，从而避免导线直接遭受雷击，这是第一步；第二步"疏"是指在雷击时，地线与金属杆塔保持可靠电气连接，雷击于地线的雷电能量通过金属塔身疏导至大地；在这个行波过程中，由于杆塔、接地极具有波阻抗特性，杆塔上各部位会产生过电压，这时需第三步"堵"，通过加强导线与杆塔之间的绝缘，确保线路不发生闪络故障。

架空地线的防雷作用在于能够将直击雷引向地线，再将雷电流由铁塔引向大地，从而避免相导线遭受雷击。地线之所以能够引雷源自于两个方面：其一，架空地线的位置比相导线高；其二，地线表面电场强度远大于相导线表面电场强度，先于相导线发生迎面先导。当地线与铁塔绝缘时，地线表面的电场强度远小于相导线表面的电场强度，对其防雷效果产生一定的影响。为不影响绝缘地线的防雷效果，必须保证绝缘地线与铁塔间的绝缘间隙在雷电发生前能可靠击穿。

本节将计算分析地线在雷云电荷和相导线工作电压共同作用下的感应电压及地线表面电场强度变化规律，研究地线绝缘间隙的击穿电压限值，为绝缘地线的设计提供一定的参考。

1. 对反击耐雷水平的影响

在地线全线绝缘、空气间隙距离为 100mm 条件下，当雷击地线、而地线与杆塔空气间隙未击穿时，对比地线与杆塔可靠电气连接和加空气间隙两种情况下的塔顶上过电压如图 4.5 所示。

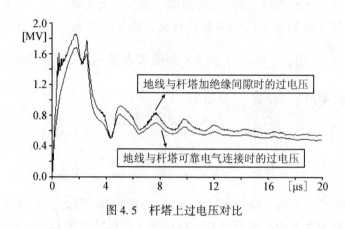

图 4.5 杆塔上过电压对比

可以发现：地线与杆塔加绝缘间隙时，在塔顶的过电压大于地线与杆塔可靠电气连接时的过电压，尤其在过电压的波头部分。其原因是由于地线与杆塔空气间隙未击穿，雷电能量推迟了向下方大地的释放，从而使得过电压的波头部分变陡，过电压提高。

2. 对引雷效果的影响

在雷电下行先导向输电线路发展过程中，地线上会感应出与雷电下行先导异性的电荷，以维持地线的地电位(零电位)。在地线逐塔接地条件下，地线上的异号电荷主要是大地经由相邻挡距杆塔来补给，这个过程一般只有 $2\mu s$ 左右，远低于雷电下行先导向地面发展所需要的时间(即数十微秒甚至数百微秒的梯级先导过程)。相关研究表明，地线上的感应电荷对地线上的上行先导的形成具有重要影响，从而影响地线的引雷能力。而在地线全线绝缘条件下，地线上的感应电荷可能会减小，即地线的全线绝缘会影响地线的感应电荷的聚集，但这种影响程度需进行定量分析。

当线路面对雷电下行先导逼近时，其临近下行先导的线路部分会由于感应电压而聚积电荷，其过程如图 4.6 所示。

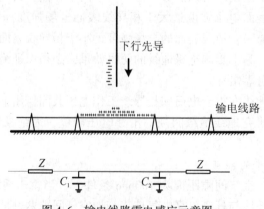

图 4.6 输电线路雷电感应示意图

地线处于全绝缘的条件下，线路上的雷电感应电压以电压波的形式向线路远端传播，输电线路上的电荷在这一过程进行暂态的重新分布，从电路模型上看，雷电感应电荷聚积的过程可以看做是输电线路向邻近雷电先导的输电线路等值电容 C_1 及 C_2 "充电"的过程，"充电"的时间常数估算如下：

对于如图 4.7 所示的线路杆塔，地线以 LGJ—120 型导线为例，单位长度两地线对地电容为

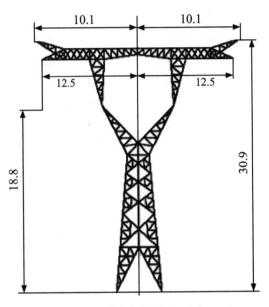

图 4.7 500kV 输电杆塔尺寸(单位：m)

$$C_0 = \frac{\pi\varepsilon_0}{\ln\left(\dfrac{2hd}{R_0\sqrt{4h^2+d^2}}\right)} \tag{4-19}$$

式中：d——两地线距离，20.2m；

h——地线对地高度，30.9m；

R_0——地线半径，6.18mm；

ε_0——真空绝对介电常数，$8.85\times10^{12}\mathrm{F/m}$。

代入数值计算可得

$$C_0 = \frac{3.14\times8.85\times10^{-12}}{\ln\left(\dfrac{2\times30.9\times20.2}{0.00618\times\sqrt{4\times30.9^2\times20.2^2}}\right)} = 0.0346 \quad (\mathrm{nF/km}) \tag{4-20}$$

以充电线路长度为 100km 估算，$C_1 = C_2 = \dfrac{100}{2}\times C_0 = 0.173\mathrm{nF}$，以 LGJ—120 型导线为例，其电阻率为 0.2364Ω/km，则可计算其暂态过程时间 $\tau = ZC_1 = 4.09\mathrm{ns}$，可以看出长度为 100km 的输电线路，其暂态时间参数远小于数十微秒到数百微秒的梯级先导过程，因

此可以认为地线在梯级过程中能"充电"完毕而达到准静态平衡。

　　定性地说，地线全线绝缘将降低地线上感应电荷的积聚速度，但是从上述计算可以看出，这种影响不足以破坏地线的感应电荷在雷电下行梯级发展过程中达到的准静态平衡状态。因此，当地线加装绝缘间隙后可以认为其引雷能力没有实质性的削弱。

　　但还有一种不同的观点，即绝缘地线不会产生上行先导，其引雷能力将变差。鉴于人们对雷击线路存在不同的认识，对于实际线路工程，可以将地线全线绝缘，根据以后的运行情况，对多雷击段调整地线的接地问题。

　　3. 对绕击雷的影响

　　在雷雨天气，一般雷云的底部带负电荷，在雷云下方的大地表面有感应正电荷。随着雷云的发展，雷云底部的电荷密集度不断增大，当雷云底部电荷密集处的电场强度达到空气击穿场强时，就会发生强烈的碰撞游离，形成由雷云电荷构成的向地面发展的雷电下行先导。当雷电下行先导发展接近地面时，会激励地面的较凸出部位，例如线路附近及档距中央导线下方的凸出石头或树木、建筑物等尖端顶部，产生向上的由地面感应正电荷聚集所构成的迎面先导，如图 4.8 所示。

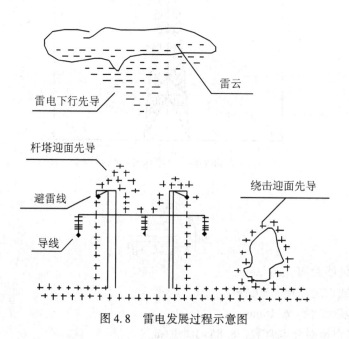

图 4.8　雷电发展过程示意图

　　此时，如果输电线路的杆塔高度突出或与雷电下行先导的距离最近，而且杆塔的迎面先导由尖状物体产生，则加速雷电下行先导与杆塔迎面先导之间的畸形发展。当雷电下行先导与杆塔迎面先导之间的空气间隙达到雷电下行先导电位 U 的击穿值时，雷电下行先导电位 U_x 将有可能击穿该空气间隙，即发生强烈的雷击杆塔现象。如果线路附近及档距中央导线下方的尖凸物体产生的迎面先导较强，导线电压 U_d 将有可能对雷电下行先导产生影响。当雷电下行先导电位与导线电位之间的电位差 U_x+U_d 达到雷电下行先导与导线之间的空气间隙击穿值时，雷电下行先导电位将有可能绕击导线。

对于地线绝缘对雷电绕击影响而言，若架空地线接地，架空地线上周围的电场强度会比输电导线上的电场强度大，雷电下行先导到来时，杆塔上的架空地线先放电产生迎面先导，这样就可以防止雷击输电线路造成雷击故障。但是，为了降低地线上的电能损耗，若将地线全绝缘，在此接线方式下，架空地线上的场强会小于输电导线上的电场强度，雷电下行先导到来时，若不能击穿架空地线与杆塔之间的空气使得地线接地，由于此时输电导线上的电场强度大于地线场强，输电导线会成为迎面先导，产生雷电绕击，造成输电线路故障，对系统安全稳定运行会产生较大影响。

地线绝缘对导线表面电场强度峰值具有很大的影响，如果在发生雷击前，地线的绝缘间隙不能击穿，地线表面电场强度远小于导线表面电场强度，这将大大增大绕击发生的概率。而当地线全绝缘时，正常工作条件下，地线的感应工频电压可达 40kV，有雷云存在时，地线的感应电压峰值可达 100kV。因而，若要同时兼顾融冰和防雷的双重要求，地线绝缘间隙的选取应保证在 40kV 的工频电压下不被击穿，而在峰值为 100kV 的冲击电压下能可靠击穿。

地线融冰技术的实施，要求地线对铁塔绝缘，同时绝缘地线还可避免架空地线的电能损耗。地线空气间隙既要满足在污秽及覆冰时，在融冰电压作用下不被击穿，又要满足在单相接地故障时能可靠击穿，这两点可以通过试验、计算或实测地线感应电压来确定地线绝缘间隙的大小，并可在生产中对间隙的大小进行调整。但由于雷电自身的复杂性，目前关于绝缘地线对防雷性能的研究还没有明确的结论。地线防雷效果的减弱，对电力系统安全的影响是难以估算的，且地线的防雷效果不可能在生产中进行调整。

鉴于以上原因，考虑到防雷与融冰的季节差异性，建议在夏季雷电多发季节，地线采用单点接地线方式，而在冬季必须要融冰的季节，地线采用绝缘的运行方式。这样同时兼顾了融冰、降损、防雷的需要。

4.2.3 对线路保护的影响

若地线采用分段绝缘单点接地或线路地线全绝缘，当线路发生接地故障时，地线绝缘子的并联间隙上的电磁感应电动势由正常运行的百伏级别而跃升至数十千伏级别，进而可能引起间隙的击穿放电和电流环路的形成。环路中流过的感应电流对线路零序电流产生强烈的去磁作用，进而显著降低输电线路故障期间的等值零序阻抗 Z_0 的大小，并影响其相位。零序阻抗 Z_0 的突降会直接影响线路接地距离和零序方向保护的工作可靠性。

三相输电线路中的 I_0 必须经大地和架空地线返回，因此，输电线路故障期间的等值零序阻抗 Z_0 的解析计算必须考虑大地回路的电特性(如大地土壤电阻率)、架空地线的材料(钢绞线、良导体地线或 OPGW)及其环路构成情况。

计及架空地线分流作用时的计算等值电路如图 4.9 所示。图 4.9 中 I_0 为三相输电线路中流过的零序电流，I_g 为等值入地总电流，I_w 为接地避雷线中流过的电流，I_{w0} 为接地避雷线中流过的零序电流。导线零序等值电路如图 4.10 所示，图 4.10 中 Z_{w0} 为接地避雷线的零序自阻抗，Z_{cw0} 为三相导线和接地避雷线的零序互阻抗。

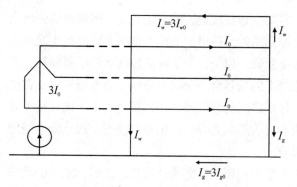

图 4.9　导地线系统中的零序电流分布示意图　　　　图 4.10　导线零序等值电路示意图

由图 4.9 可知，$I_{w0} = I_w/3$，而在图 4.10 中

$$Z_{w0} = 3R_w + 0.15 + j0.435 \lg\left(\frac{D_g}{r_w}\right), \quad (\Omega/\text{km}) \tag{4-21}$$

$$Z_{cw0} = 0.15 + j0.435 \lg\left(\frac{D_g}{D_{c-w}}\right), \quad (\Omega/\text{km}) \tag{4-22}$$

式中，$D_{c-w} = \sqrt{D_{aw}D_{bw}D_{cw}}$ 为三相导线和接地避雷线的几何平均距离。

由单相有接地避雷线的单回线路等值电路图 4.10，得电压方程式为

$$\Delta U_0 = Z_0 I_0 - Z_{cw0} I_{w0} \tag{4-23}$$

$$0 = Z_{w0} I_{w0} - Z_{cw0} I_{w0} \tag{4-24}$$

式中，Z_0 为不考虑地线分流作用时的线路零序阻抗。故有接地避雷线的单回线路零序阻抗为

$$Z_{0,w} = Z_0 - \frac{Z_{cw0}^2}{Z_{w0}} \tag{4-25}$$

由式(4-25)可以看出，当线路有接地避雷线后线路等值零序阻抗 $Z_{0,w}$ 将减小，这是因为地线连续接地而形成回路，在地线形成的回路中流过的电流 I_{w0} 与相导线中流过的电流 I_0 方向相反，对相导线的互感产生去磁作用，地线与相导线距离愈近，则去磁作用愈明显。

当架空地线采用分段绝缘、单点接地方式运行或线路全绝缘方式运行时，线路接地故障期间地线绝缘子并联间隙上会产生数十千伏级的电磁感应电压，引起间隙的击穿放电，从而形成因放电接地而导致的地线环路，使 $Z_{0,w} \neq Z_0$。则地线间隙放电前后线路零序阻抗的突变量为 $\Delta Z_0 = Z_0 - Z_{0,w} = \frac{Z_{cw0}^2}{Z_{w0}}$。由此可以看出对于输电线路，零序阻抗 Z_0 的大小与其架空地线的运行状态密切相关，正常运行时，一般分段绝缘、单点接地或者全绝缘方式运行下的零序阻抗大于采用连续接地运行时相应阻抗值(相当于绝缘地线间隙放电期间)。

采用 EMTP 的线路参数计算程序，计算典型 500kV 线路工频序参数的结果如表 4.1 所示。

表 4.1   典型 500kV 线路工频序参数计算值

土壤电阻率 $\rho/(\Omega \cdot m)$			100	500
钢绞线 GJ—70	$Z_0/(\Omega/km)$	地线接地	0.286+j0.934	0.337+j1.047
		地线绝缘	0.164+j1.06	0.168+j1.21
	$Z_1/(\Omega/km)$	地线接地	0.0248+j0.27	0.0248+j0.27
		地线绝缘	0.0241+j0.27	0.0241+j0.27

由表 4.1 可以看出，当土壤电阻率 $\rho = 100\Omega \cdot m$ 时，线路正常运行期间（相当于表 4.1 中的地线分段绝缘情况），$X_0 = 1.06\Omega/km$，$r_0 = 0.164\Omega/km$；线路单相接地故障期间（相当于表 4.1 中的地线连续接地情况），$X_0' = 0.934\Omega/km$，$r_0 = 0.286\Omega/km$。亦即，对于采用普通钢绞线 GJ—70 且分段绝缘、一点接地方式运行的输电线路，地线间隙放电后零序阻抗降低约 13.5%，零序电阻增大至原值的 1.74 倍，阻抗功角 φ 由正常时的 81.21° 降至放电时的 72.97°。阻抗功角的变化，可能引起接地距离继电器的越限误动。

同理，而当土壤电阻率 $\rho = 500\Omega \cdot m$ 时，当发生间隙放电后，零序阻抗降低约 15.57%，零序电阻增大至原值的 2.01 倍，阻抗角 φ 由正常时的 82.10° 降低至放电时的 72.16°，其中阻抗角 φ 的变化也有可能引起接地距离继电器的越限误动。

通常线路竣工后，都应该现场实测其工频参数值，现场测量时，外施电压源大多小于 500V，入地电流 ($3I_0$) 大多小于 10A，则绝缘地线（全绝缘地线方案或分段绝缘、单点接地地线方案）上的电磁感应电势很小，不可能引起地线间隙的击穿放电，这相当于无避雷线线路的零序阻抗 Z_0。但系统发生单相接地故障时，地线间隙放电形成的环路感应电流的去磁效应使故障期间的零序等值阻抗产生突变现象，有时 Z_0 的突变量 (ΔZ_0) 较大，然而各级线路的接地距离保护均由上述实测值 Z_0 进行整定，突变量 ΔZ_0 会对继电保护动作特性产生影响。

4.3 地线绝缘间隙的选择

融冰和防雷对地线绝缘强度的要求具有互斥性，从融冰角度考虑，地线的绝缘强度越高越好，而提高防雷效果，要求地线的绝缘间隙在雷电发生前能够可靠被击穿。当同时考虑地线融冰、通信、防雷及节能要求时，地线绝缘子的设计是地线融冰技术能否成功的关键。

4.3.1 地线绝缘子的要求

地线绝缘子的技术参数如表 4.2 所示。

地线绝缘子必须满足以下三个条件：

(1)地线绝缘子最大耐压水平必须达到 45kV，其中覆冰耐压应达到 30kV，二级污闪耐压应达到 30kV。

(2)地线绝缘子需要满足在 40kV 的工频电压下不被击穿，而在峰值为 100kV 的冲击

表 4.2 地线绝缘子主要技术参数

序　号	参　　数	单　位	要　求　值
1	额定机械负荷	kN	100
2	逐个拉伸试验负荷	kN	50
3	结构高度	mm	328
4	最小电弧距离	mm	≥158
5	公称爬电距离	mm	490
6	芯棒直径	mm	18
7	伞裙直径(大伞/小伞)	mm	134/90
8	伞间距	mm	≥80
9	连接结构标记		16N
10	上电极厚度	mm	≥2.5
11	下电极直径	mm	≥12
12	间隙调整范围	mm	0~500

电压(或 50kV 的直流电压)下能可靠击穿。

(3)地线绝缘子间隙应可调,可以进行人工调整,满足不同线路防雷及覆冰耐压要求。

4.3.2　地线绝缘间隙的选取原则

地线绝缘间隙的选取原则有:

(1)绝缘地线在污秽或覆冰时,在融冰电压的作用下不被击穿;

(2)绝缘地线在线路工频感应电压作用下不被击穿;

(3)无论绝缘地线在污秽或覆冰时,间隙均先于绝缘子放电;

(4)地线全绝缘时还应保证地线绝缘间隙在雷电梯级先导发展阶段可靠击穿。

目前上述第 4 条还没有明确的研究结论,由于雷电发生季节与覆冰融冰时节并不重叠,在实际应用中可以考虑,雷雨季节地线采用单点接地方式,而在覆冰融冰季节更改地线绝缘方式为全绝缘。因而,在选取绝缘地线的保护间隙时暂不考虑第 4 条的限制。

4.3.3　地线绝缘子污闪和冰闪试验

1. 试验内容

(1)玻璃地线绝缘子直流污秽闪络试验

包括对 XDP—70C 地线绝缘子悬垂布置下不同盐密/灰密、不同间隙距离时的直流污秽闪络试验;对 XDP—70CN 地线绝缘子耐张布置时不同盐密/灰密、不同间隙距离下的直流污秽闪络试验。

（2）玻璃地线绝缘子直流覆冰闪络试验

包括对 XDP—70C 地线绝缘子悬垂布置时不同覆冰厚度、不同间隙距离下的直流覆冰闪络试验；对 XDP—70CN 地线绝缘子耐张布置时不同覆冰厚度、不同间隙距离下的直流覆冰闪络试验。

（3）复合地线绝缘子直流污秽闪络试验

包括对 RCRE100C—2 地线绝缘子悬垂布置时不同盐密/灰密、不同间隙距离下的直流污秽闪络试验；对 RCRE100CN—2 地线绝缘子耐张布置时不同盐密/灰密、不同间隙距离下的直流污秽闪络试验。

（4）复合地线绝缘子直流覆冰闪络试验

包括对 RCRE100C—2 地线绝缘子悬垂布置时不同覆冰厚度、不同间隙距离下的直流覆冰闪络试验；对 RCRE100CN—2 地线绝缘子耐张布置时不同覆冰厚度、不同间隙距离下的直流覆冰闪络试验。

2. 试品参数

试验用玻璃地线绝缘子采用南京电气集团有限公司生产的 XDP—70C、XDP—70CN、XDP—120C、XDP—120CN 共四种型号的玻璃绝缘子。120kN 绝缘子与 70kN 绝缘子相比较，除额定机械负荷外，绝缘部分的尺寸参数完全一样，因此认为具有完全相同的电气性能。下面给出 XDP—70C、XDP—70CN 两种试品的参数如表 4.3 所示，产品示意图如图 4.11 及图 4.12 所示。

表 4.3 玻璃地线绝缘子参数

试品型号	盘径 D/（mm）	结构高度 H/（mm）	爬电距离 L/（mm）	表面积 S/（cm^2）	安装方式
XDP—70C	170	200	170	942	悬垂
XDP—70CN	170	200	170	942	耐张

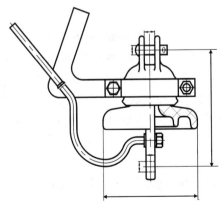

图 4.11 XDP—70C 型地线绝缘子

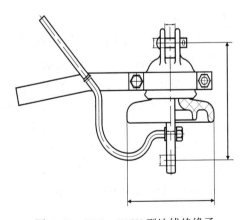

图 4.12 XDP—70CN 型地线绝缘子

试验用复合地线绝缘子采用南京电气集团有限公司生产的 RCRE 100C—2(悬垂)和 RCRE 100CN—2(耐张)型绝缘子,两种试品的参数如表 4.4 所示,产品示意图如图 4.13 及图 4.14 所示。

表4.4　　　　　　　　　　　　　　复合地线绝缘子参数

试品型号	结构高度 /(mm)	爬电距离 /(mm)	绝缘距离 /(mm)	安装方式
RCRE100C—2	342	480	158	悬垂
RCRE100CN—2	342	480	158	耐张

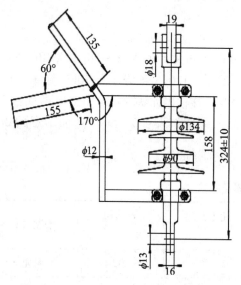

图 4.13　型号:RCRE100C—2(悬垂)

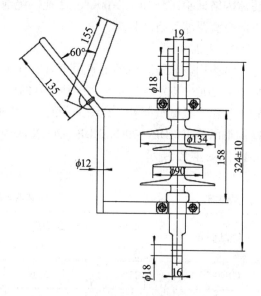

图 4.14　型号:RCRE100CN—2(耐张)

3. 人工污秽试验

人工污秽试验选择 Ⅰ、Ⅱ 级污区的代表,SDD 分别取 0.05mg/cm^2 和 0.08mg/cm^2,NSDD 分别取 0.3mg/cm^2 和 0.48mg/cm^2,即盐灰比为 1∶6。玻璃地线绝缘子试品为 XDP—70C、XDP—70CN,其中 XDP—70C 垂直布置,XDP—70CN 水平布置;复合地线绝缘子试品为 RCRZ100C(N)—1、RCRZ100C(N)—2,两种绝缘子分别进行垂直布置和水平布置。试验采用升压法,求取绝缘子的闪络电压。试验电压类型为负极性直流电压。

(1)XDP—70C 绝缘子试验结果

绝缘子试品在人工污秽实验室内垂直布置。

在 SDD/NSDD 为 $0.05/0.3\text{mg/cm}^2$ 条件下,XDP—70C 绝缘子直流人工污秽试验结果如表 4.5 所示。

表 4.5   **XDP—70C 绝缘子人工污秽试验结果— I 级污秽**

间隙距离/(mm)	闪络电压(kV)/放电路径		
50	12.2/沿面放电	13.2/沿面放电	12.5/沿面放电
40	11.3/沿面放电	12.7/沿面放电	13.6/沿面放电
30	12.5/沿面放电	13.9/沿面放电	14.2/先沿面后间隙
20	12.8/先间隙后沿面	14.5/先间隙后沿面	17.8/先间隙后沿面

注：先间隙后沿面表示：在升压过程中，间隙首先被击穿然后沿面放电发生。

在 SDD/NSDD 为 0.08/0.48mg/cm² 条件下，XDP—70C 绝缘子直流人工污秽试验结果如表 4.6 所示。

表 4.6   **XDP—70C 绝缘子人工污秽试验结果— II 级污秽**

间隙距离/(mm)	闪络电压(kV)/放电路径		
40	11.2/沿面放电	12.1/沿面放电	11.9/沿面放电
30	12.0/沿面放电	13.0/沿面放电	11.4/沿面放电
20	10.8/沿面放电	11.4/沿面放电	12.3/先沿面后间隙
10	9.9/先间隙后沿面	8.9/先间隙后沿面	9.2/先间隙后沿面

注：先沿面后间隙表示：在升压过程中，绝缘子先发生沿面放电，随之间隙被击穿。

从表 4.5 可知，在 SDD/NSDD 为 0.05/0.3mg/cm² 条件下，当间隙距离为 40～50mm 时，由于间隙距离较大，闪络路径均发生在绝缘子表面上，间隙未发生放电。而当间隙距离进一步减小至 30mm 时，大部分情况为绝缘子沿面放电，部分放电路径为沿面放电与间隙几乎同时放电。观察可知，在升压过程中，绝缘子表面会产生电弧放电，而电弧放电引起间隙被击穿。当进一步减小间隙至 20mm 时，由于间隙很小，放电基本先产生在间隙上，间隙放电后绝缘子发生沿面闪络。

从表 4.6 可以看出，当 SDD/NSDD 为 0.08/0.48mg/cm² 时，绝缘子发生沿面放电的电压值较轻污秽情况下有一定程度的降低，当间隙距离为 30～40mm 时，放电路径均发生在绝缘子表面。间隙距离为 20mm 时，在接近闪络状态下，绝缘子首先沿面放电，其燃烧的电弧引起间隙放电，可以认为两条放电路径几乎同时发生击穿放电。进一步减小间隙至 10mm，从试验结果可知，放电全部发生在间隙上，但此时绝缘子表面的电弧已经比较明显。

为了研究绝缘子表面电弧对间隙放电电压的影响，还进行了清洁绝缘子带间隙的雾中闪络试验，目的是求出绝缘子未起弧条件下间隙的闪络电压特性，具体试验结果如表 4.7 所示。

表 4.7   **XDP—70C 绝缘子人工污秽试验结果—清洁绝缘子**

间隙距离/(mm)	试验电压(kV)/状态		
40	30/耐受	30/耐受	30/耐受
30	30/耐受	30/耐受	30/耐受
20	24.6/闪络	28.5/闪络	27.9/闪络
10	19.2/闪络	18.9/闪络	18.2/闪络

从表 4.7 中可以看出，在绝缘子表面没有污秽物的条件下，间隙的放电电压非常高，间隙距离为 20mm 时，平均闪络电压达到 24.6~28.5kV，间隙距离为 10mm 时，平均闪络电压为 18.2~19.2kV。而根据表 4.6，当绝缘子表面有污秽物时，间隙距离为 10mm 条件下的闪络电压仅为 8.9~9.9kV。分析其原因主要由于绝缘子产生向上漂移的电弧导致间隙在较低电压下便发生闪络。

（2）XDP—70CN 绝缘子试验结果

耐张力地线绝缘子在人工污秽试验室内水平布置。

在 SDD/NSDD 为 0.05/0.3mg/cm^2 条件下，XDP—70CN 绝缘子直流人工污秽试验结果如表 4.8 所示。

表 4.8   **XDP—70CN 绝缘子人工污秽试验结果— I 级污秽**

间隙距离/(mm)	闪络电压(kV)/放电路径		
40	11.2/沿面放电	12.1/沿面放电	12.2/沿面放电
30	12.3/沿面放电	12.9/沿面放电	14.1/沿面放电
20	12.3/先沿面后间隙	13.5/先沿面后间隙	12.1/先沿面后间隙

在 SDD/NSDD 为 0.08/0.48mg/cm^2 条件下，XDP—70CN 绝缘子直流人工污秽试验结果如表 4.9 所示。

表 4.9   **XDP—70CN 绝缘子人工污秽试验结果— II 级污秽**

间隙距离/(mm)	闪络电压(kV)/放电路径		
40	11.2/沿面放电	12.3/沿面放电	12.6/沿面放电
30	12.7/沿面放电	13.2/沿面放电	13.7/先沿面后间隙
20	12.1/先沿面后间隙	12.9/先沿面后间隙	12.5/先沿面后间隙

从表 4.8 及表 4.9 中可以看出，当间隙距离为 40mm 时，两种污秽度下的人工污秽闪络均发生在绝缘子表面，闪络电压范围为 11.2~12.6kV；当间隙距离为 30mm 时，大部分闪络发生在绝缘子表面，仅有一次为先沿面闪络后间隙击穿放电。当间隙进一步减小至 20mm 时，绝大部分放电为绝缘子沿面和间隙击穿同时发生，闪络电压为 12.1~13.5kV。

（3）RCRZ100C—2 绝缘子试验结果

RCRZ100C—2 绝缘子在人工污秽试验室内垂直布置。

在 SDD/NSDD 为 0.05/0.3mg/cm² 条件下，RCRZ100C—2 绝缘子直流人工污秽试验结果如表 4.10 所示。

表 4.10　　RCRZ100C—2 绝缘子垂直安装时人工污秽试验结果—Ⅰ级污秽

间隙距离/(mm)	闪络电压(kV)/放电路径		
40	30.2/沿面闪络	30.6/沿面闪络	30.1/沿面闪络
30	28.7/间隙击穿	30.5/间隙击穿	29.7/间隙击穿
20	25.7/间隙击穿	26.2/间隙击穿	26.9/间隙击穿

在 SDD/NSDD 为 0.08/0.48mg/cm² 条件下，RCRZ100C—2 绝缘子直流人工污秽试验结果如表 4.11 所示。

表 4.11　　RCRZ100C—2 绝缘子垂直安装时人工污秽试验结果—Ⅱ级污秽

间隙距离/(mm)	闪络电压(kV)/放电路径		
40	29.4/沿面闪络	29.3/沿面闪络	29.3/沿面闪络
30	29.6/间隙击穿	25.7/间隙击穿	28.3/间隙击穿
20	24.8/间隙击穿	24.1/沿面闪络	24.2/沿面闪络

从表 4.10 中可知，在 SDD/NSDD 为 0.05/0.3mg/cm² 条件下，当间隙距离为 20mm 时，均为间隙发生放电，放电电压均值为 26.3kV；当间隙距离为 30mm 时，均为间隙放电，放电电压均值为 29.6kV；当间隙距离为 40mm 时，均为沿面闪络，放电电压均值为 30.3kV。

从表 4.11 中可以看出，在 SDD/NSDD 为 0.08/0.48mg/cm² 条件下，当间隙距离为 20mm 时，均为间隙发生放电，放电电压均值为 24.4kV；当间隙距离为 30mm 时，均为间隙放电，放电电压均值为 29.9kV；当间隙距离为 40mm 时，均为沿面闪络，放电电压均值为 29.3kV。

（4）RCRZ100CN—2 绝缘子试验结果

绝缘子试品在人工污秽实验室内水平布置，在 SDD/NSDD 为 0.05/0.3mg/cm² 条件下，RCRZ100CN—2 绝缘子直流人工污秽试验结果如表 4.12 所示。

表 4.12　　RCRZ100CN—2 绝缘子垂直安装时人工污秽试验结果—Ⅰ级污秽

间隙距离/(mm)	闪络电压(kV)/放电路径		
40	31.2/沿面闪络	31.9/沿面闪络	31.5/沿面闪络
30	30.1/间隙击穿	31.4/间隙击穿	30.8/间隙击穿
20	27.1/间隙击穿	27.3/间隙击穿	28.0/间隙击穿

在 SDD/NSDD 为 0.08/0.48mg/cm² 条件下，RCRZ100CN—2 绝缘子水平安装，直流人工污秽试验结果如表 4.13 所示。

表 4.13　　　　　　RCRZ100CN—2 绝缘子水平安装时人工污秽试验结果—Ⅱ级污秽

间隙距离/(mm)	闪络电压(kV)/放电路径		
40	29.4/沿面闪络	29.3/沿面闪络	29.3/沿面闪络
30	28.9/间隙击穿	25.7/间隙击穿	28.3/间隙击穿
20	24.2/间隙击穿	24.1//间隙击穿	24.2//间隙击穿

从表 4.12 中可知，在 SDD/NSDD 为 0.05/0.3mg/cm^2 条件下，当间隙距离为 20mm 时，均为间隙发生放电，放电电压均值为 27.5kV；当间隙距离为 30mm 时，均为间隙放电，放电电压均值为 30.8kV；当间隙距离为 40mm 时，均为沿面闪络，放电电压均值为 31.5kV。

从表 4.13 中可以看出，在 SDD/NSDD 为 0.08/0.48mg/cm^2 条件下，当间隙距离为 20mm 时，均为间隙发生放电，放电电压均值为 24.2kV；当间隙距离为 30mm 时，均为间隙放电，放电电压均值为 27.6kV；当间隙距离为 40mm 时，均为沿面闪络，放电电压均值为 29.3kV。

从表 4.12 和表 4.13 可知，复合地线绝缘子水平安装时沿面闪络均发生在间隙为 40mm 时，说明复合绝缘子具有较好的耐污闪性能。

4. 覆冰闪络试验

（1）XDP—70C 绝缘子覆冰试验结果

绝缘子试品在人工气候实验室内垂直布置。

在 ESDD 为 0.05mg/cm^2，覆冰厚度为 10mm 时，绝缘子覆冰闪络试验结果如表 4.14 所示。

表 4.14　　　　　　　　　XDP—70C 绝缘子人工覆冰试验结果

间隙距离/(mm)	闪络电压(kV)/放电路径		
40	26.2/绝缘子闪	24.5/绝缘子闪	25.9/绝缘子闪
30	23.4/绝缘子闪	23.1/绝缘子闪	24.5/绝缘子闪
20	13.5/间隙闪	13.1/间隙闪	12.6/间隙闪

在 ESDD 为 0.05mg/cm^2，覆冰厚度为 20mm 时，绝缘子覆冰闪络试验结果如表 4.15 所示。

表 4.15　　　　　　　　　XDP—70C 绝缘子人工覆冰试验结果

间隙距离/(mm)	闪络电压(kV)/放电路径		
50	19.9/绝缘子闪	20.7/绝缘子闪	16.8/间隙闪
40	20.8/绝缘子闪	22.8/绝缘子闪	12.9/间隙闪
30	14.0/间隙闪	20.0/绝缘子闪	12.8/间隙闪
20	11.6/间隙闪	12.0/间隙闪	9.0/间隙闪

从表 4.14 中可知，在 ESDD 为 0.05mg/cm^2，冰厚为 10mm 条件下，当间隙距离为 40mm 和 30mm 时，由于间隙距离较大，且绝缘子表面覆冰厚度较小，闪络路径均发生在绝缘子表面上，间隙未发生放电。对于沿绝缘子表面闪络情况，此时间隙的影响可以忽略，闪络电压与表面的覆冰分布有关。

当冰厚增至 20mm 时，其闪络电压分布如表 4.15 所示。同等条件下，覆冰层越厚，发生间隙闪络或者沿绝缘子闪络电压都有所下降，10mm 厚覆冰，间隙 20mm 下闪络电压在 12.6~13.5kV 之间，20mm 厚覆冰情况下仅为 9.0~12.0kV。

同时，当冰厚增加时，绝缘子放电路径变得不规则，20mm 厚覆冰情况中，40mm 间隙下有时发生间隙放电，有时发生沿面放电，而当间隙降到 30mm 时，也有可能发生沿面放电，这主要是因为随着冰厚的增加，绝缘子表面产生冰凌的概率增大，同时冰层分布不均匀的现象加剧，导致绝缘子沿面路径畸变严重，使得闪络路径变得不规则。各间隙情况下的闪络放电情况如图 4.15 所示。

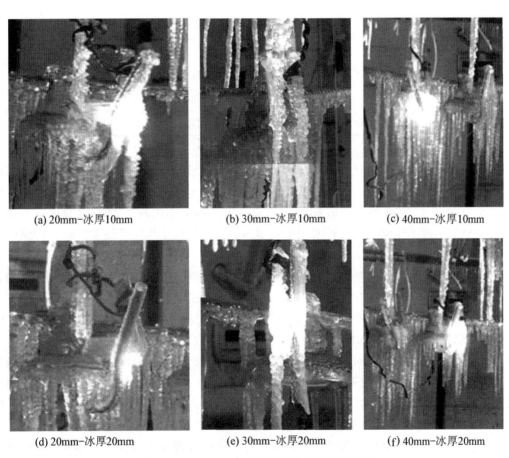

| (a) 20mm-冰厚10mm | (b) 30mm-冰厚10mm | (c) 40mm-冰厚10mm |
| (d) 20mm-冰厚20mm | (e) 30mm-冰厚20mm | (f) 40mm-冰厚20mm |

图 4.15 XDP—70C 绝缘子覆冰情况下闪络图

（2）XDP—70CN 绝缘子覆冰闪络试验结果

绝缘子试品在人工气候实验室内水平布置。

在 ESDD 为 0.05mg/cm^2，覆冰厚度为 10mm 时，绝缘子覆冰闪络试验结果如表 4.16 所示。

表 4.16   XDP—70CN 绝缘子人工覆冰试验结果

间隙距离/(mm)	闪络电压(kV)/放电路径		
40	24.2/绝缘子闪	23.6/绝缘子闪	20.8/绝缘子闪
30	21.8/绝缘子闪	12.7/间隙闪	20.4/绝缘子闪
20	10.2/间隙闪	9.6/间隙闪	11.1/间隙闪

在 ESDD 为 0.05mg/cm^2，覆冰厚度为 20mm 时，绝缘子覆冰闪络试验结果如表 4.17 所示。

表 4.17   XDP—70CN 绝缘子人工覆冰试验结果

间隙距离/(mm)	闪络电压(kV)/放电路径		
40	14.5/间隙闪	19.2/绝缘子闪	15.9/间隙闪
30	13.3/间隙闪	14.9/间隙闪	22.5/绝缘子闪
20	9.0/间隙闪	12.0/间隙闪	10.5/间隙闪

由表 4.16 中可知，对于水平放置的 XDP—70CN 型地线绝缘子，覆冰厚 10mm，间隙 40mm 时，绝缘子容易发生沿面闪络，绝缘子沿面闪络电压在 20.8~24.2kV 之间；当间隙减小到 30mm 时，绝缘子依然容易发生沿面放电，但也会出现间隙闪络的情况，如在 12.7kV 时就出现了间隙闪络；间隙减小到 20mm 时，绝缘子均发生间隙闪络，闪络电压在 9.6~11.1kV 之间。

当覆冰增厚到 20mm 时，绝缘子发生间隙闪络的概率明显增高，其闪络电压分布如表 4.17 所示，当覆冰厚度为 10mm 时，40mm、30mm 间隙下几乎不发生间隙闪络，而覆冰厚度为 20mm 时，40mm、30mm 间隙下均有间隙闪络出现，间隙 20mm 下，均发生间隙闪络，闪络电压为 9.0~12.0kV。同时，当冰厚增加时，绝缘子放电路径也开始变得不规则，20mm 厚覆冰情况中，40mm 间隙下有时发生间隙放电，有时发生沿面放电，而当间隙降到 30mm 时，也有可能发生沿面放电，这主要是因为随着冰厚的增加，绝缘子表面产生冰凌的概率增大，同时冰层分布不均匀的现象加剧，导致绝缘子沿面路径畸变严重，使闪络路径变得不规则。各间隙情况下的闪络放电情况如图 4.16 所示。

从表 4.17 中可以看出，在绝缘子表面没有污秽物或覆冰的条件下，间隙的放电电压很高，间隙距离为 20mm 时，平均闪络电压达到 24.6~28.5kV，而在覆冰条件下，覆冰厚度为 10mm(见表 4.14)和 20mm(见表 4.15)时绝缘子平均闪络电压分别为 12.6~13.5kV 和 9.0~12.0kV，均远低于清洁绝缘子的平均闪络电压。可见，绝缘子覆冰及染污都会降低其闪络电压，覆冰为特殊的污秽。

(a) 20mm-冰厚10mm　　　　(b) 30mm-冰厚10mm　　　　(c) 40mm-冰厚10mm

(d) 20mm-冰厚20mm　　　　(e) 30mm-冰厚20mm　　　　(f) 40mm-冰厚20mm

图 4.16　XDP—70CN 绝缘子覆冰情况下闪络图

4.3.4　改造方案实例

以南方电网 500kV 青山甲线、青山乙线对地线绝缘改造方案为例,其空气间隙的选取条件如下:

(1)根据国家电网电科院对反击耐雷水平的计算,地线与杆塔绝缘的空气间隙距离为 20~100mm 时对线路的反击耐雷水平影响相对较小,可以忽略。

(2)地线的绝缘间隙距离为 20~100mm 时,其引雷能力没有实质性的削弱。

(3)地线全绝缘时,地线的感应工频电压可达 40kV;有雷云存在时,地线的感应电压峰值可达 100kV,因而,若要同时兼顾融冰和防雷的双重要求,地线绝缘间隙的选取应保证在 40kV 的工频电压下不被击穿,而在峰值为 100kV 的冲击电压(或 50kV 的直流电压)下能可靠击穿。

(4)在覆冰厚度 20mm 的严重覆冰条件下,垂直布置的复合地线绝缘子若需耐受电压超过 20kV,需要设置 40mm 以上间隙。

通过计算青山甲线、乙线地线融冰电压,当其进行融冰时,其电压最高为 22.7kV,

40mm 间隙可满足要求。为尽量减少地线全绝缘后对线路防雷的影响，青山甲线架空地线间隙选取为 40mm（为进一步分析其对防雷性能的影响，在实际工程应用中，将青山乙线架空地线间隙设置为 50mm）。

投入使用的地线绝缘子间隙为可调间隙，在实际工程中如果间隙不满足地线融冰或防雷性能要求，可以进行适当调整。

4.4　地线融冰接线方式

地线融冰必须将地线全绝缘，地线绝缘一般是安装一片带并联间隙的绝缘子。地线融冰电压，主要取决于该地线绝缘子的污耐压和冰闪电压（包括并联间隙）。为了满足融冰装置的输出电压小于地线绝缘子的耐压，需研究地线融冰的接线方案。

4.4.1　几种典型的融冰接线方式

根据直流融冰原理，目前可以采用的地线融冰接线方式包括地线与大地形成回路融冰、两侧地线串联形成回路融冰、地线与一根导线形成回路融冰、地线串入两根导线形成回路融冰四种融冰接线方式。

1. 大地回路方式

融冰装置正极与地线（两根地线并联）相连接，地线另一端与大地接地，两端接地点接地电阻均比较小，融冰装置通过地线与大地形成回路实现融冰。如图 4.17 所示。

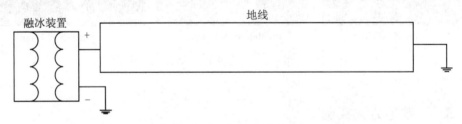

图 4.17　大地回路方案示意图

大地回路方式下，地线最大融冰长度如表 4.18 所示。

表 4.18　　　　大地回路方案融冰最大长度对比

地线型号	融冰电流 /(A)	融冰装置容量 /(MW)	融冰装置电压 /(kV)	直流电阻 /(Ω/km)	融冰长度 /(km)
GJ—80	107×2	22	20	2.418/2	77
GJ—100	126×2	22	20	1.903/2	83
LBGJ—120—40AC	301×2	22	20	0.3606/2	184
LBGJ—120—27AC	247×2	22	20	0.5342/2	152

2. 地线串联回路方式

线路两侧地线在首段分别连接到融冰装置正、负极两端，尾端短接形成回路。如图4.18所示。

图 4.18 地线串联回路方案示意图

地线串联回路方式下，地线最大融冰长度如表 4.19 所示。

表 4.19 地线回路方案融冰最大长度对比

地线型号	融冰电流/(A)	融冰装置容量/(MW)	融冰装置电压/(kV)	直流电阻/(Ω/km)	融冰长度/(km)
GJ—80	107	22	20	2.418×2	39
GJ—100	126	22	20	1.903×2	42
LBGJ—120—40AC	301	22	20	0.3606×2	92
LBGJ—120—27AC	247	22	20	0.5342×2	76

3. 导地线回路方式

融冰装置正、负极分别连接到融冰地线和一根导线上，尾端将地线与导线短接形成回路进行融冰。如图 4.19 所示。

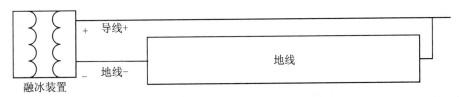

图 4.19 地线并联以导线为回路方案示意图

导地线回路方式下，地线最大融冰长度如表 4.20 所示。

4. 地线分段并联融冰方式

融冰装置正、负极两端分别连接到线路两根导线中，将需要融冰的地线段首尾两端分别连接到两根导线上，形成融冰回路。如图 4.20 所示。

表 4.20　　　　　　　　　　　地线并联以导线为回路方案融冰长度对比

地线型号	融冰电流 /(A)	融冰装置容量 /(MW)	融冰装置电压 /(kV)	直流电阻 /(Ω/km)	融冰长度 /(km)
GJ—80	107×2	22	20	2.418/2	77
GJ—100	126×2	22	20	1.903/2	83
LBGJ—120—40AC	301×2	22	20	0.3606/2	184
LBGJ—120—27AC	247×2	22	20	0.5342/2	152

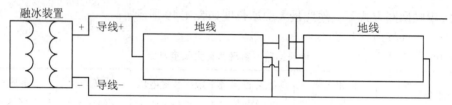

图 4.20　地线分段并联融冰方案示意图

地线分段并联融冰方式下，地线最大融冰长度如表 4.21 所示。

表 4.21　　　　　　　　　　　地线分段并联融冰方案融冰长度对比

地线型号	融冰电流 /(A)	融冰装置容量 /(MW)	融冰装置电压 /(kV)	直流电阻 /(Ω/km)	融冰长度 /(km)
GJ—80	107×4	22	20	2.418/4	155
GJ—100	126×4	22	20	1.903/4	167
LBGJ—120—40AC	301×4	22	20	0.3606/4	369
LBGJ—120—27AC	247×4	22	20	0.5342/4	303

4.4.2　融冰接线方式的对比

地线融冰接线回路方式的选取原则主要包括以下四个方面：

实用性：满足不同线路地线融冰的需要；

经济性：尽量减少对原有线路的改造；

简便性：便于凝冻天气融冰操作；

安全性：减少融冰过程中发生故障的概率。

根据上述选取原则，通过分析各种地线融冰接线方式，对比以上四种典型的地线融冰接线回路方式，分析其优劣，具体对比分析如表 4.22 所示。

表 4.22　　　　　　　　　　　　　**融冰接线回路方式对比**

	实用性	经济性	简便性	安全性
大地回路	全部更换为 LBGJ 时融冰距离在 150km，GJ 线融冰距离短	成本高，需要对地线进行更换，需对地网进行改造	操作简单	故障概率高
地线串联回路	融冰距离短	需要对地线进行全线改造	操作简单	故障概率高
导地线回路	全部更换为 LBGJ 时融冰距离在 150km，GJ 线融冰距离短	需要对地线进行全线改造	操作较复杂	故障概率低
地线分段并联	融冰距离长	可对地线进行分段改造，成本较低	线路操作复杂，站内操作简单	故障概率低

进行地线融冰时，不仅要考虑融冰回路的选择，还需要对融冰的接线方式进行对比，针对不同的情况，选取不同的融冰接线方式，下面对五种不同的融冰接线方式进行分析。

1. 地线串联融冰接线方式(方式一)

地线串联融冰接线方式，是将两根架空地线末端相连接，首端接入直流融冰装置正、负极直接进行融冰，如图 4.21 所示。

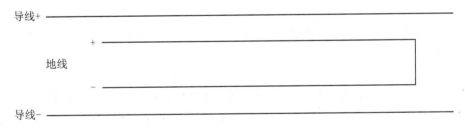

图 4.21　地线串联融冰接线方式示意图(方式一)

方式一的优点：通过两根地线形成电流回路融冰，与相导线无关，可以与相导线同时融冰，减少停电时间；其缺点：融冰距离短，当与相导线同时融冰时，还需注意若相导线与地线不同期脱冰而造成相导线与地线间安全距离不足的情况。

2. 地线并联以相导线为回路融冰接线方式(方式二)

地线并联以相导线为回路融冰的接线方式，是将两根架空地线并联后，分别连接到两根导线上，融冰装置正、负极分别连接到两根导线上，并联地线以相导线形成回路进行融冰，如图 4.22 所示。

方式二的优点：利用直流融冰装置容量大、输出电压不高的特点，将两根地线并联一次完成融冰，减小对融冰电压的要求。

3. 架空地线并联两次以相导线为回路融冰接线方式(方式三)

架空地线并联两次以相导线为回路融冰的接线方式，是将两根架空地线在线路中间增

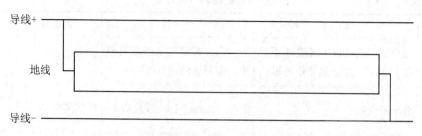

图 4.22　地线并联融冰接线方式示意图(方式二)

加一个并联点,使两根地线形成两个并联回路,通过两相导线形成电流回路融冰,如图 4.23 所示。

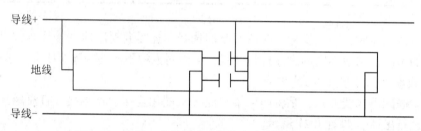

图 4.23　地线二次并联融冰接线方式示意图(方式三)

方式三的优点:是在方式二的基础上,将两根地线并联二次融冰,可以将地线融冰电压减小一半。

4. 架空地线并联三次以相导线为回路融冰接线方式(方式四)

架空地线并联三次以相导线为回路融冰的接线方式,是将两根架空地线在方式三的基础上增加一个并联点,使两根地线形成三个并联回路,通过两相导线形成电流回路融冰,如图 4.24 所示。

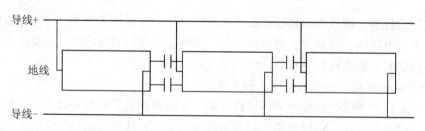

图 4.24　地线三次并联融冰接线方式示意图(方式四)

方式四的优点:融冰电压低于方式三。

5. 架空地线并联四次以相导线为回路融冰接线方式(方式五)

架空地线并联四次以相导线为回路的接线方式,是将两根架空地线在方式三的基础上增加两个并联点,使两根地线形成四个并联回路,通过两相导线形成电流回路融冰,如图

4.25 所示。

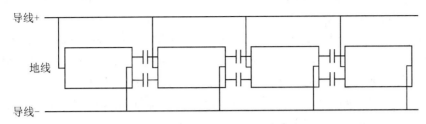

图 4.25　地线四次并联融冰接线方式示意图（方式五）

方式五的优点：融冰电压低于方式四。

综合分析以上五种方案，可以看出：

(1)方式一，相导线、地线融冰可以分开进行，减少停电时间，但融冰电压较高，不利于长距离地线的融冰，采用该方式融冰，应先对地线融冰，再对相导线融冰，以确保相导线、地线间的安全距离。

(2)将地线并联后再与导线形成回路的融冰方式(方式二～方式五)，可以有效减小融冰电压，初步计算分析表明，每增加一次并联，融冰电压减半，融冰电流增加一倍，融冰容量基本不变。

(3)长线路，增加地线并联数，可以有效减少地线融冰电压。

在实际设计线路融冰接线方案时，还应该充分考虑融冰装置的额定输出电压和额定输出电流等相关参数，进行接线方式的选择。

☞参考文献

[1]超高压输电公司贵阳局 . 500kV 线路地线(OPGW)全绝缘节能降耗与融冰技术研究与实施—污闪和冰闪试验报告[R]. 2012. 3.

[2]吴伯华，陈继东，朱克 . 架空地线间隙放电对线路零序阻抗的影响[J]. 高电压技术，2006(10)：8~10.

[3]缪晶晶，刘蕊 . OPGW 分段绝缘和融冰技术的应用[C]. 2012 年中国电机工程学会年会论文 . 2012. 11. 21.

[4]邹家勇，吴怡敏 . 架空地线直流融冰技术研究与应用[C]. 首届直流输电与电力电子专委会学术年会论文 . 2012. 8. 1.

[5]卢亚军 . 减小避雷线电能损耗的方法研究[D]. 北京：华北电力大学，2010.

[6]S. Yu. Sadov, P. N. Shivakumar, D. Firsov, S. H. Lui, R. Thulasiram. Mathematical Model of Ice Melting on Transmission Lines[J]. Journal of Mathematical Modelling and Algorithms, 2006, (2).

[7]S. Y. Sadov, K. N. Shivakumar, D. Firsov, S. H. Liu, and R. Thulasiram. Mathematical model of ice melting on transmission lines[J]. Math Model Algor. , vol. 6,

pp. 273-286, Apr. 2007.

[8] Chao, Wang, Jun, Wen. Design on DC De-icing Schemes for High Voltage Transmission Line[J]. IEEE, 2010.

[9] Michel Landry, Roger Beauchemin, et al. De-Icing EHV Overhead Transmission Lines Using Electromagnetic Forces Generated by Moderate Short-Circuit Currents [C]. 2000 IEEE ESMO-2000 IEEE 9th International Conference, Page(s): 94-100.

[10] Lasse Makkonen. Modeling power line icing in freezing precipitation[J]. Atmospheric Research, 1998, 46(11): 131-142.

[11] T. Couscous, A. Jamily. Zerouali, J. -P. Dumas. Experimental and modeling study of ice melting[J]. Journal of Thermal Analysis and Calorimetry, 2007, (1).

[12] ZHANG Qing Wu, LI Pengfei, WANG De Lin. De-icing scheme for HVDC transmission line[J]. Automation of Electric Power Systems, 2009, 33(7): 38-42.

第5章 地线融冰自动接线装置

地线融冰自动接线装置属于直流融冰装置，主要是利用合流装置将导线上的电流进行合流，并引流至地线，利用电流的热效应使覆盖在地线上的冰雪融化。

5.1 地线融冰自动接线

5.1.1 地线融冰装置

导线融冰装置主要用于实现 1000A 以上的大电流对导线进行融冰，而地线（及 OPGW）融冰最大允许电流均小于 400A，其基本原理与导线融冰装置原理相同，因此若需要使导线融冰装置满足地线融冰要求，需要将导线融冰装置输出直流电流稳定运行范围调整到 100~400A 范围内。

地线融冰装置主要考虑对地线进行融冰，根据地线融冰距离及融冰电流的分析和计算，在满足对 300km 地线进行融冰情况下，额定容量为 20MW 左右即可，此时地线融冰装置的主要技术参数，如表 5.1 所示。

表 5.1   地线融冰装置技术参数表

指标名称	技术参数
直流融冰装置接入点电压等级	10kV
直流融冰装置额定容量	20MW
直流融冰装置额定电流	400A
直流融冰装置额定电压	±25kV
直流融冰装置容量过载能力	1.2 倍
直流融冰装置电流过载能力	1.2 倍
直流融冰装置输出直流电流稳定运行范围	100~400A
直流融冰装置容量稳定运行范围	0~20MVA
额定直流输出电压对应触发角	15°
直流融冰稳定输出直流电压对应触发角	5~90°
零功率试验功能	满足不带线路进行升流试验
整流阀形式	12 脉动桥式全波整流
平波电抗器	建议 35mH
整流变压器额定容量	26MVA
整流变压器额定电压	10.5kV±2×2.5%/21kV

5.1.2　地线融冰自动接线的意义

目前，国内已有较多关于导线融冰的相关报道或专利，但是地线融冰装置的相关资料还较少。尽管近几年国内已相继研制出了不同形式的地线融冰装置，但在实际应用中仍存在着操作困难、需施工人员上塔操作等缺点，存在一定的危险性。尤其是在雨雪天气下，装置的操作更为困难，上塔操作至少需要 2~3 人，有时由于天气寒冷，甚至需要几批人员轮流上塔操作，根据实际现场操作情况统计，接线时间平均为 2 小时。

与传统的地线融冰装置相比较，地线融冰自动接线装置具有性能稳定可靠、自动化程度高、操作简便等优点。地线融冰自动接线装置无需人员上塔，只需 1~2 人于塔底操作即可轻松实现相导线与地线之间的连接，接线完成时间仅在 3 分钟左右，不仅降低了工作人员的劳动强度，也大大节省了人工成本。施工人员直接于塔底操作电气控制箱，即可轻松实现相导线与地线之间的连接，排除了施工人员上塔操作的安全风险。另外，由于整套装置可以在短时间内实现相导线与地线之间的连接，可以大大缩短融冰线路的停运时间。

5.2　地线融冰自动接线装置方案

5.2.1　地线融冰自动接线装置技术条件

（1）输电线路电压等级：500kV。

（2）最高融冰电压：±35kV。

（3）最大融冰电流：600A。

（4）地线最小融冰电流计算条件按环境温度 -5℃、风速 5m/s、冰厚 10mm、融冰时间 1h 取值；地线最大允许电流按外部环境温度 5℃、风速 2m/s 控制。

（5）融冰装置工作环境：户外。

（6）融冰装置工作环境温度：-25℃~+40℃。

（7）传动机构提供给导电杆的力范围：300~400N。

（8）导电杆打入合流装置动触头所需的作用力应不大于 300N。

（9）电源线及控制线应满足 100m 长度的电压降损耗不影响装置运行。

5.2.2　现有融冰接线装置

图 5.1 为现有融冰接线装置示意图。为减少地线融冰接线过程中的操作复杂性，在日常运行时，地线引流线夹及引流线固定在铁塔横担上，引流线与地线相连接部分固定好；且在非覆冰季节，四变一合流线夹固定在指定塔的四分裂导线上。

当需要融冰时，施工人员需上塔将压接电缆的一端用螺栓连接至铜质引流线夹上，如图 5.2 所示，并顺次将带有导向装置的连接杆、绝缘杆等安装于铜质引流线夹上，形成融冰操作杆。其次，逐渐将融冰操作杆上的铜质引流线夹送至合流线夹的高度，使铜质引流线夹与四变一合流线夹进行对接，如图 5.3 所示。然后通过旋转融冰操作杆，使铜质引流线夹抱紧四变一合流线夹上的铜棒。最后，向上用力拉出连接杆，使连接杆和铜质引流线

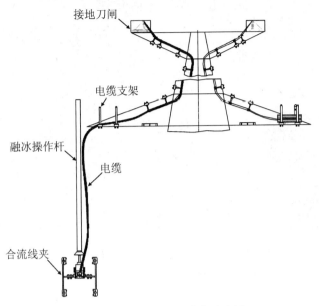

图 5.1 现有融冰装置接线示意图

夹脱离,逐段收起连接杆。此时,即可进行通电融冰。融冰过程结束后,应先将铜质引流线夹拆除回收。

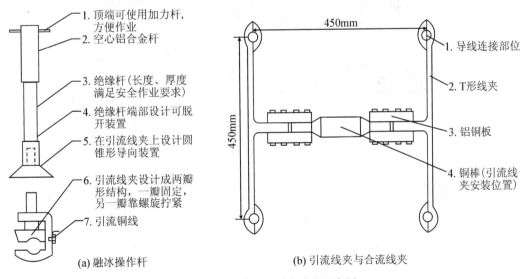

5.2 融冰操作杆与引流线夹示意图

如图 5.4 所示,这种型式的融冰接线装置接线过程中需要施工人员上塔,手工对接合流线夹,存在一定的风险性。随着线路电压等级的升高,融冰操作杆的长度也随之加长,对于 500kV 以上电压等级的线路,操作杆与合流线夹的对接存在极大困难。另外,当装

(a) 融冰操作杆端部照片　　　　　　(b) 引流线夹与合流线夹对接照片

图 5.3　融冰操作杆合流线夹与引流线夹安装

置应用于耐张力转角塔时，转角度数越大，内角侧人工接线需操作的距离越远，难度越大。

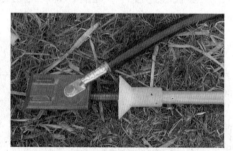

(a) 接线装置电缆头结构　　　　　　(b) 接线装置接地线侧T形线夹结构

图 5.4　现有融冰接线装置结构

5.2.3　自动接线装置方案

　　针对现有融冰接线装置的不足，提出了一种新的融冰接线装置方案。该方案采用电机、减速器等机电设备控制导电杆的转动。需要融冰时，操作塔底的控制开关使机电设备带动导电杆打向合流装置，完成相导线与地线之间的连接；融冰完成后，操作开关使机电设备带动导电杆回到防雨棚内，防雨棚内设置有限位装置，使装置安全可靠。

　　如图 5.5 和图 5.6 所示为地线融冰自动接线装置示意图。其中，图 5.5 为常规型铁塔的装置示意图，图 5.6 为紧凑型铁塔的装置示意图。方案中装置的导电杆与跳线串配做，解决了导电杆的长度确定问题。

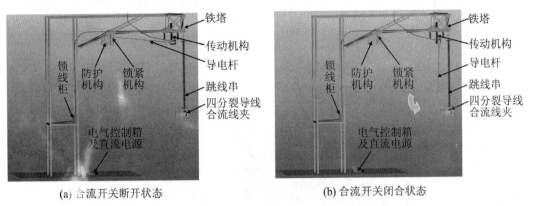

图 5.5 常规型铁塔下装置的整体安装示意图

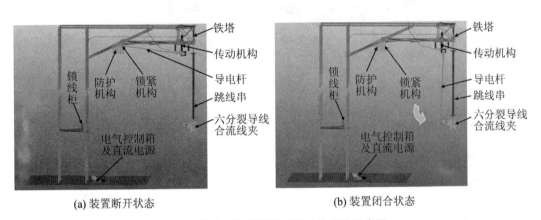

图 5.6 紧凑型铁塔下装置的整体安装示意图

5.3 地线融冰自动接线装置的设计

5.3.1 传动机构的机电设计

传动机构主要由电机、减速器等机电设备组成。主要从以下几个方面进行设计：

(1) 由于融冰电压为±35kV，因此，既要实现传动机构的传动功能，又要考虑其电绝缘问题。为了解决电绝缘问题，选择用满足抗扭强度的±35kV绝缘子作为传动机构中的旋转元件。

(2) 由于导电杆打向合流装置时，会使跳线串向外偏离，因此，需要解决导电杆到位后传动机构的断电问题。在实际运行条件下，由于导电杆的转动角度以及跳线串的偏移距离等数值很难确定，故采用"扭力矩"来控制导电杆到位后的断电问题，即当导电杆所受的扭力矩达到设定值时，传动机构中的扭力限制器上的限位盘做轴向移动，使安装在限位盘侧端的限位开关发出信号，此信号传递给电控设备，来控制或切断电源。

（3）传动机构中设计有蜗轮蜗杆减速器，该减速器本身具有自锁功能，可以保证导电杆到位后的定位。如图 5.7 所示。

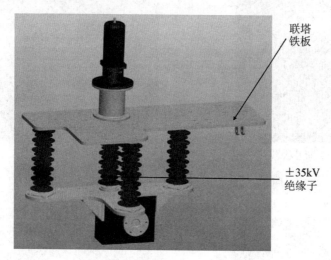

图 5.7　传动机构示意图

5.3.2　通流及强度设计

地线融冰自动接线装置的通流主要是通过导电杆和合流装置之间的接触来实现的。由于导电杆具有一定的长度，因此导电杆应考虑其强度是否满足使用要求。选择 7075 高强度铝合金管和铝合金板作为导电杆的主材，经试验，设计的导电杆不仅可以满足 600A 的通流要求，其强度也能满足使用要求。

5.3.3　锁紧机构的设计

为了防止装置在不运行时导电杆意外断裂坠落，装置中要设计锁紧机构。融冰之前，锁紧机构处于闭锁状态，要先进行开锁才可操作按钮启动传动机构。当融冰结束后，导电杆恢复到防护机构内，启动锁紧机构的闭锁功能，可以起到安全保护作用。

5.3.4　跳线串合流装置端部导向板设计

跳线串在实际安装和使用过程中可能会相对于导电杆的中心有一定偏移，为了使导电杆能顺利打入合流装置，在合流装置的端部设计导向板结构，当导电杆的中心线与合流装置的中心线存在一定偏差时，导电杆可以沿着导向板的轨道进入合流装置的触指内。如图 5.8 所示。

5.3.5　安装方式设计

为了便于安装，装置的设计考虑尽可能减少塔上的安装步骤。因此，设计的传动机构、跳线串（含合流装置）、防护机构、锁紧机构均可以于塔底安装成整体后，再分别装

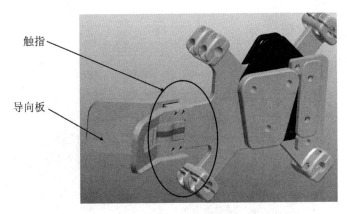

图5.8　四分裂导线合流装置示意图

于塔上。

5.3.6　防护机构设计

装置长期处于户外条件下，装置的防护也是设计的关键点。重点防护机构部位包括：导电杆端部的雨雪防护、锁紧机构的防护、合流装置触头及导向板的防护、电机等传动机构的防护等。

5.4　地线融冰自动接线装置主要部件

5.4.1　直流电源

考虑到蓄电池的容量、体积、重量等因素，电源采用市场上较常用的48VDC、20AH的锂电池。如图5.9所示。

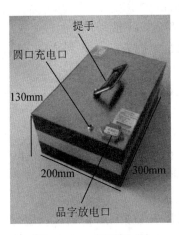

图5.9　48V直流电源

5.4.2　电气控制箱

电气控制箱如图 5.10 所示。

撑杆

电源
指示灯

照明灯
开关

工作模式
旋钮

照明灯

操作
按钮区

提手

图 5.10　电气控制箱

1. 照明灯、电源指示灯、撑杆、提手

（1）照明灯：光线不足时，补充光源。

（2）电源指示灯：当电气控制箱接通电源后，电源指示灯亮。

（3）撑杆：电气控制箱内设计有撑杆，防止箱盖滑落影响操作。

（4）提手：便于电气控制箱的携带。

2. 工作模式旋钮

电气控制箱含"正常"和"应急"两种工作模式。

（1）"正常运行"模式实现过程：

步骤一：接入电源——按下"解锁"按钮（按钮灯亮）——到位后，行程开关动作，电动推杆断电（此时按钮灯灭，锁指示灯亮）。

备注：若步骤一不动作，步骤二不能动作。

步骤二：按下"合闸"按钮（按钮灯亮）——到位后，接近开关动作，电机断电（此时按钮灯灭，闸指示灯亮）。

步骤三：按下"开闸"按钮（闸指示灯灭，按钮灯亮）——到位后，接近开关动作，电机断电（此时按钮灯灭，闸指示灯亮）。

备注：若步骤三不动作，步骤四不能动作。

步骤四：按下"闭锁"按钮（闸指示灯灭，按钮灯亮）——到位后，行程开关动作，电动推杆断电（此时按钮灯灭，锁指示灯亮）。

（2）"应急"模式实现过程：

该模式下，"解锁"和"闭锁"按钮失效，此时仅可进行"开闸"和"合闸"。

步骤一：按下"合闸"按钮（按钮灯亮）——到位后，接近开关动作，电机断电（此时按钮灯灭，闸指示灯亮）。

步骤二：按下"开闸"按钮(闸指示灯灭，按钮灯亮)——到位后，接近开关动作，电机断电(此时按钮灯灭，闸指示灯亮)。

3. 操作按钮区

操作按钮分"解锁"、"闭锁"、"开闸"、"合闸"以及"急停"按钮。

急停按钮可以在装置运行中任何时候对动作进行中止。

5.4.3　传动机构

传动机构包括直流电机、行星减速器、扭矩限制器、万向节、旋转复合绝缘子、凸缘联轴器、蜗轮蜗杆减速器等部件。传动机构的工作原理是：直流电机通电后正转或反转，经减速器及其他零部件传动，带动导电杆打向或脱离合流装置。由于直流电机的转速较大、扭矩较小，通过行星齿轮减速器和蜗轮蜗杆减速器进行两级减速并增大扭矩，以达到地线融冰装置所需的速度和扭矩。如图 5.11 所示。

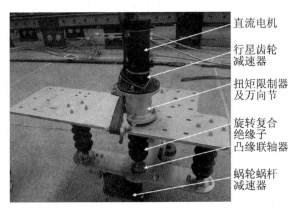

图 5.11　传动机构实物图

1. 直流电机

电机为 48V 直流有刷电机，利用电机的正转与反转控制导电杆的"合闸"和"开闸"，电机型号为 130ZYT106PX24—RV130—50—AB，如图 5.12 所示。具体参数如下：

图 5.12　48V 直流电机

（1）功率：375W；

（2）转速：1200r/min；

（3）输出轴轴径：φ14mm；

（4）键槽：按标准 5mm。

根据公式可得，电机输出扭矩为

$$T = \frac{9550 \times P}{n} = \frac{9550 \times 0.375}{1000} = 3.58\mathrm{N \cdot m}$$

2. 行星减速器

行星齿轮减速器一般用于低转速大扭矩的传动设备，本设计所采用的行星齿轮减速器的减速比为 24∶1，输入端为轴孔，孔径为 φ14mm，与 48V 电机的输出轴相匹配；输出轴轴径为 φ28mm。图 5.13 为行星齿轮减速器与直流电机连接结构图。

3. 扭矩限制器

扭矩限制器的主要工作原理是：当设备工作机在额定荷载下工作时，扭矩限制器正常工作，当设备工作机超出扭矩限制器的设定扭矩时，扭矩限制器内的滚柱脱离凹槽，使原动机和工作机在扭矩限制器之间产生打滑，避免工作机和原动机设备损坏，同时，扭矩限制器上的限位盘做轴向移动，使安装在限位盘侧端的限位开关发出信号，此信号传递给电控设备，来控制或切断电源，达到保护设备的作用，当故障排除后，设备又可以正常运转。

本设计采用的扭矩限制器一端为轴孔，孔径为 φ28mm，与行星齿轮减速器的输出轴相连接；另一端为法兰盘，与万向节的法兰盘相连接。扭矩限制器的扭矩范围为：40～120N·m。图 5.14 为扭矩限制器。

图 5.13　行星齿轮减速器与直流电机连接结构图

图 5.14　扭矩限制器

4. 万向节

万向节两端均为法兰盘，一端与扭矩限制器的法兰盘连接，另一端与旋转绝缘子的法兰盘连接。万向节的作用在于调节行星齿轮减速器的输出轴与蜗轮蜗杆减速器输入轴之间的同轴度，保证传动机构正常运行。图 5.15 为万向节的结构示意图。

5. 旋转复合绝缘子

由于融冰电压为±35kV，考虑到电机与导电机构之间的电气间隙，采用 35kV 线路用的复合支柱绝缘子作为万向节和蜗轮蜗杆减速器之间的联轴器，如图 5.16 所示。

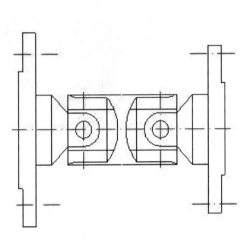

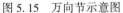

图 5.15 万向节示意图

图 5.16 35kV 复合支柱绝缘子

6. 凸缘联轴器

凸缘联轴器(亦称法兰联轴器)是利用螺栓连接两凸缘(法兰)盘式半联轴器，两个半联轴器分别用键与两轴连接，以实现两轴连接，传递转矩和运动。凸缘联轴器结构简单，加工方便，成本较低，工作可靠，装拆、维护均较方便，传递转矩较大，能保证两轴具有较高的对中精度，一般常用于荷载平稳、高速或传动精度要求较高的轴系传动。凸缘联轴器不具备径向、轴向和角向补偿。

本设计采用的是半联轴器，一端与旋转复合绝缘子的法兰盘连接，另一端与蜗轮蜗杆减速器的输入轴孔连接。图 5.17 为凸缘联轴器的实物图。

7. 蜗轮蜗杆减速器

本设计采用的是 RV 系列蜗轮蜗杆减速器，该系列减速器具有以下特点：

(1)具有自锁功能；

(2)机械结构紧凑、体积外形轻巧、小型高效；

(3)热交换性能好、散热快；

(4)安装简易、灵活轻捷、性能优越、易于维护检修；

(5)运行平稳、噪音小、经久耐用；

(6)使用性强、安全可靠性大。

图 5.18 为蜗轮蜗杆减速器的实物图。本设计中蜗轮蜗杆减速器的减速比为 50∶1，最大输出扭矩为 2300N·m。输入端为轴孔，孔径为 $\phi28mm$；输出端为轴，轴径为 $\phi45mm$。

图 5.17　凸缘联轴器

图 5.18　蜗轮蜗杆减速器

5.4.4　合流开关

合流开关包括导电杆和合流装置两部分。主要结构和功能如下。

1. 导电杆

导电杆由铝合金板、铝合金管、铜管、铜辫子及闭锁环几个部分构成，如图 5.19 所示。端部的铝合金板与蜗轮蜗杆减速器之间通过凸缘半联轴器连接。铝合金板与铝合金管之间通过氩弧焊接进行过流连接。

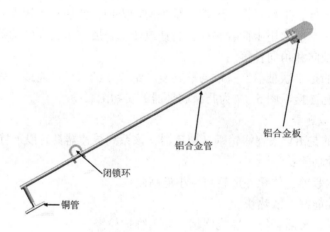

图 5.19　导电杆

为了保证铝合金管的抗弯强度，这里采用两种不同规格的高强度铝合金管：$\phi70\times5$、$\phi60\times5$。在受弯矩较大的部位采用 $\phi70\times5$ 规格的铝合金管；在受弯矩较小的部位采用 $\phi60\times5$ 规格的铝合金管，这样也减轻了导电杆的自重，提高了导电杆端部的抗弯性能。

铝合金管和铜管之间通过铜辫子进行过流连接。闭锁环与铝合金杆之间通过螺栓紧固连接，可以根据锁紧机构的实际安装位置进行调节。

2. 合流装置

合流装置的作用是将分裂导线上的电流进行合流并引至导电杆，主要包括：线夹夹头、线夹框架、触指结构、导向板、悬吊板、防护罩以及配重片。

合流装置的设计要点如下：

(1)分裂导线上的电流通过线夹夹头被引至合流装置上；

(2)在合流装置上设计三组配有板弹簧的触指结构，将合流装置上的电流引至导电杆上；

(3)在触指外围设计有导向板，当导电杆中心线与触指中心线在水平方向有一定的位移偏差时，导电杆仍能沿着导向板顺利打入触指中心；

(4)为防止雨雪落到触指上导致触指结冰影响过流，在触指与导向板外围设计了防护罩，防止雨雪飘入；

(5)由于触指结构具有一定自重，会导致合流装置偏向触指一侧，因此，设计了配重片以平衡触指结构的自重，保证触指的水平。

针对常规型铁塔和紧凑型铁塔，分别设计四分裂合流装置和六分裂合流装置。四分裂合流装置的作用是将四根 LGJ—630/45 导线上的电流引至合流装置上，同时对四分裂导线起支撑间隔作用。六分裂合流装置的作用是将六根 LGJ—300/40 导线上的电流引至合流装置上，同时对六分裂导线起支撑间隔作用。

下面以六分裂合流装置为例，详细介绍各零部件的结构和功能。图 5.20 为六分裂合流装置的结构图。

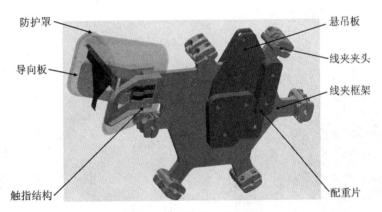

图 5.20 六分裂合流装置

(1)线夹夹头

线夹夹头如图 5.21 所示，地线融冰的电流为 600A，合流装置的载流量要求不小于 600A。每只线夹夹头与盖板分别通过 4 副 M12 的螺栓进行紧固连接。其中，螺母镶嵌在线夹夹头里，其优点是：其一，施工时安装方便；其二，与在夹头上攻螺纹相比较，其强度更高；其三，由于埋在线夹内部，防电晕效果好。

（2）框架

如图 5.22 所示，合流装置框架上，设计有安装触指及导向板的结构，触指与其配合安装后进行过流。

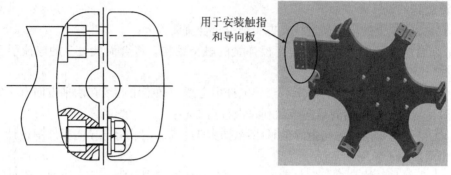

图 5.21　线夹夹头示意图　　　　图 5.22　线夹、框架结构图

（3）触指结构

三组触指通过板弹簧压紧，每组触指间间隙为 38mm，与导电杆上的紫铜管（外径 ϕ42mm）相配合进行过流。如图 5.23 所示。

（4）导向板

触指外围设计导向板，当导电杆中心线与触指中心线在水平方向有一定量的位移偏差时，导电杆仍能顺着导向板顺利打入触指中心。导向板的出口宽度为 260mm，即具有 ±130mm的调节范围。如图 5.24 所示

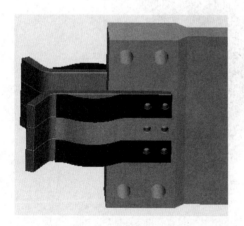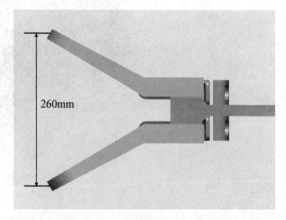

图 5.23　触指结构图　　　　　　图 5.24　导向板结构示意图

（5）触指防护罩

为防止雨雪落到触指上导致触指结冰影响过流，在触指与导向板外围设计了防护罩，如图 5.25 所示。导向板入口处的门结构是活动式的，融冰时门随着紫铜管的推力进入结

构内侧，不融冰时由于自身重力作用垂直向下。

(6)悬吊板及配重片

悬吊板上端与跳线串中的碗头挂板相连接，起到悬吊六分裂导线的作用。

由于触指结构、导向板及触指防护罩等结构设计在合流装置的一侧，其重量会导致合流装置绕六分裂导线的中心偏转。因此，在与触指结构相反侧设计了配重片，保证合流装置触指水平。如图 5.26 所示。

图 5.25 防护罩结构图

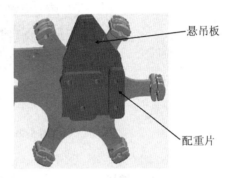

图 5.26 配重片结构图

5.4.5 跳线串

跳线串的作用是悬吊合流装置，使导电杆与合流装置上的触指结构可以正常接触，同时保证跳线与铁塔之间的电气绝缘。主要包括：UB 挂板、DB 调整板、平行挂板、球头挂环、碗头挂板以及复合绝缘子。图 5.27 为跳线串的三维示意图。值得一提的是，在跳线串上安装有 DB 调整板，以便调节跳线串串长，保证导电杆能顺利打入触指中心。

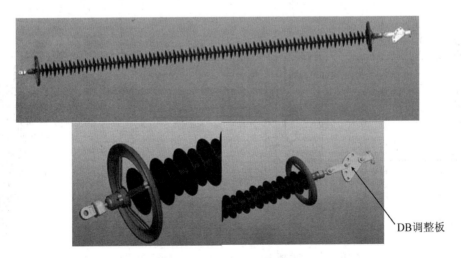

图 5.27 跳线串图

5.4.6　锁紧机构

锁紧机构的主要部件为电动推杆，如图 5.28 所示。闭锁时，电动推杆带动锁销插入导电杆的闭锁环内，形成锁紧保护作用。开锁时，电动推杆带动锁销穿出导电杆的闭锁环，起到解锁作用。如图 5.29 所示。

图 5.28　电动推杆

电动推杆在融冰装置启动前，处于闭锁状态，插销插入闭锁环，保证导电杆在发生断裂或严重变形的情况下不发生坠落情况。

需要融冰时，先进行开锁，启动电动推杆，使插销离开闭锁环，当插销移动到预设的位置时，行程开关 2 动作，电动推杆断电，此时就可以动作主电机，使导电杆进行合闸动作。

融冰结束时，导电杆需要进行分闸，当导电杆上的闭锁环接触到转动角钢时，带动转动角钢向上转动，由于接近开关的作用，使主电机断电；然后进行闭锁操作，电动推杆带动插销插入闭锁环，当进行到设定位置时，行程开关 1 动作，电动推杆断电，此时导电杆处于闭锁状态，整个融冰过程结束。

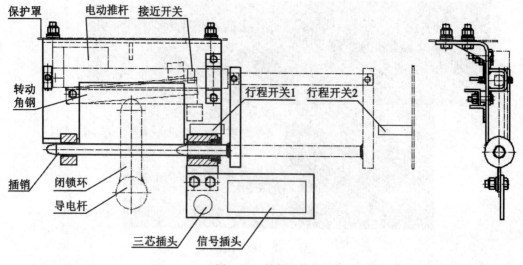

图 5.29　锁紧机构

5.4.7 防护机构

防护机构用于防止雨雪对装置运行产生影响,主要有传动机构的雨雪防护、导电杆端部的雨雪防护、合流装置的防护、锁紧机构的防护等。

电动推杆锁紧机构在保护装置内的布置如图 5.30(a)所示。在雨雪天气下,保护装置可以很好地保护导电杆的动触头不结冰,从而有效地与静触头接触;整个罩体保护了有感应电压下的空气间隙。为了便于拆修电动推杆锁紧机构,在保护装置前侧有门可以打开,可以最大程度的增加装置的使用性能。

保护装置在铁塔中布置如图 5.30(b)所示。角钢横担通过角钢固定金具固定悬挂于铁塔底部,角钢悬挂固定金具一端与角钢横担固定,另一端用来固定保护罩,其有调节孔可以用于安装时进行位置调节,方便安装。

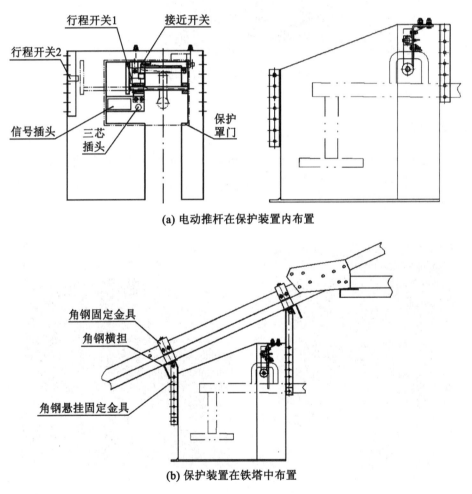

(a) 电动推杆在保护装置内布置

(b) 保护装置在铁塔中布置

图 5.30 锁紧机构的保护装置

传动机构的保护装置用于使传动机构各零部件能够正常运行，如图 5.31 所示。

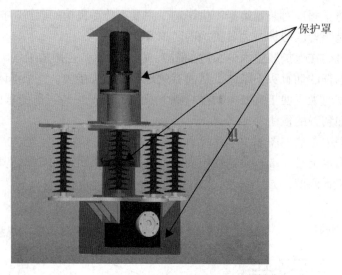

图 5.31 传动机构的保护装置

5.4.8 锁线柜

如图 5.32 所示，塔上锁线柜用于将塔上机电设备的电源线及控制线置于一个不锈钢的锁线柜中，该不锈钢锁线柜位于塔高 5~6m 的位置，这样既能防盗，对电源线及控制线也有防雨雪保护作用。

(a)　　　　　　　　　　　　(b)

图 5.32 塔上锁线柜

5.5 装置安装

第一步：传动机构与联塔钢板于塔底组装成一个整体，如图 5.7 所示；
第二步：联塔钢板固定于铁塔上，如图 5.33 所示；

联塔钢板与铁塔之间的连接件

图 5.33 联塔钢板与铁塔连接示意图

第三步：跳线串与合流装置组装成整体后再起吊装于联塔钢板上，如图 5.34 所示；
第四步：导电杆装于蜗轮蜗杆减速器上，如图 5.35 所示；

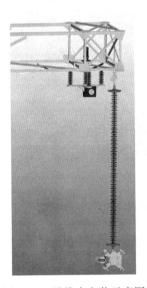

图 5.34 跳线串安装示意图　　　图 5.35 导电杆安装示意图

第五步：锁紧机构及防护罩于塔底安装成一个整体，如图 5.36 所示；
第六步：防护机构整体起吊安装于塔上，如图 5.37 所示；

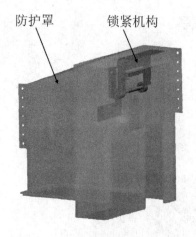

图 5.36　锁紧机构及导电杆端部
的防护罩示意图

图 5.37　防护罩安装于塔上示意图

第七步：锁线柜安装于塔上，如图 5.38 所示。

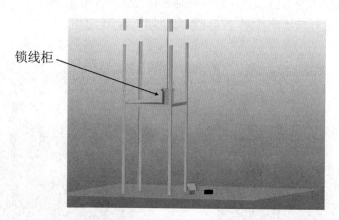

图 5.38　锁线柜安装于塔上示意图

5.6　操　作　步　骤

装置的具体操作步骤如图 5.39 所示。

1. 接通电源

当需要融冰时，携带 48V 直流电源及电气控制箱至融冰现场。

控制线插座与电源线插座位于离塔底高 4~5m 的锁柜中。融冰前，施工人员只需爬至 4~5m 高处将锁柜打开取下插座与塔底的移动电源及电气控制箱接上即可操作装置。如图 5.40 所示。

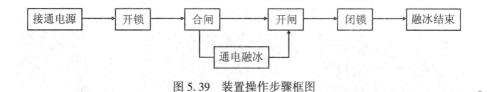

图 5.39 装置操作步骤框图

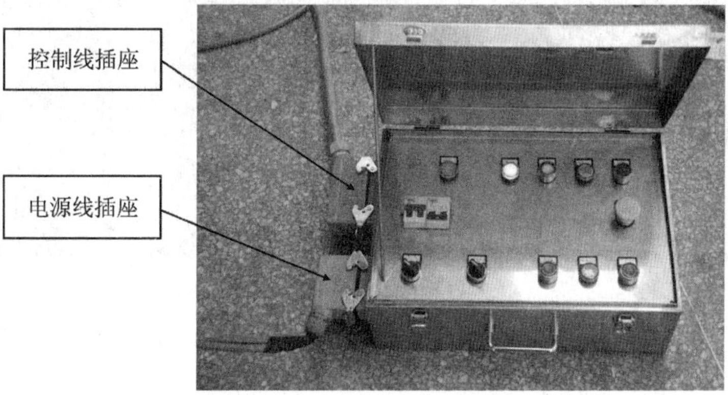

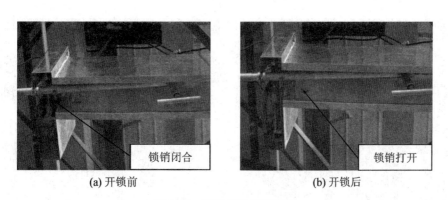

图 5.40 电气控制箱、移动电源

2. 开锁

按下电气控制箱中的"开锁"键，此时，锁销动作，按钮灯亮；到位后行程开关动作，按钮灯灭，锁指示灯亮。如图 5.41 所示。

(a) 开锁前

(b) 开锁后

图 5.41 锁紧机构开锁过程

3. 合闸

按下电气控制箱中的"合闸"键，导电杆打向合流装置，此时按钮灯亮。当扭矩达到设定值时，扭矩限制器动作，接近开关发出信号，使电机断电。此时按钮灯灭，闸指示灯亮。如图 5.42 所示。

导电杆打向触头

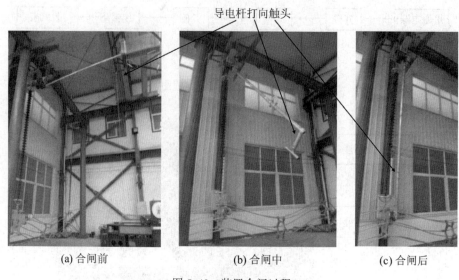

(a) 合闸前　　　　　　　　(b) 合闸中　　　　　　　　(c) 合闸后

图 5.42　装置合闸过程

4. 开闸

按下电气控制箱中的"开闸"键,导电杆脱离合流装置,此时按钮灯亮。当导电杆进入接近开关感应范围内时,接近开关发出信号使电机断电。此时按钮灯灭,闸指示灯亮。如图 5.43 所示。

导电杆脱开触头

(a) 开闸前　　　　　　　　(b) 开闸中　　　　　　　　(c) 开闸后

图 5.43　装置开闸过程

5. 闭锁

按下电气控制箱中的"闭锁"键,此时,锁销动作,按钮灯亮;到位后行程开关动作,按钮灯灭，锁指示灯亮。如图 5.44 所示。

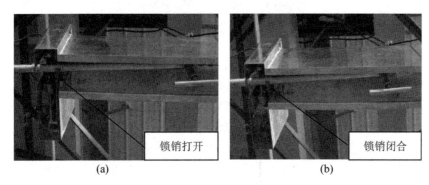

图 5.44 锁紧机构闭锁过程

5.7 装置应急预案

1. 电机无法通过电气控制箱控制时

当电机无法通过电气控制箱控制操作时，也可以采用手动摇把来使电机正转、反转，保证装置正常运行，如图 5.45 所示。手动摇把外形小巧，可以直接置于电机的防护罩内。

图 5.45 跳线串安装示意图

2. 锁紧机构发生故障时

当锁紧机构发生故障时，可以直接上塔进行人工解锁（即将导电杆上的闭锁环解开），然后启用电气控制箱的"应急"模式即可保证装置正常运行。

为了便于人工解锁，锁紧机构的防护罩上设计有"门"结构，可以直接打开进行人工解锁。

5.8　装　置　试　验

5.8.1　电阻温升试验

为考察装置中焊接部分的焊接质量以及导电杆和合流装置的接触情况，对装置中各典型部位进行了直流电阻测量对比。同时由于地线融冰的通流要求为600A，分别对600A、800A及1000A三种不同通流情况下装置的温升情况进行了测试。

（1）试验环境温度：25℃。

（2）试验设备：ZYB—1A型直流数字电压表、C31—VA型直流电流电压表、JZY—1型交流直流稳流源、T19/1—A型交直流电流表、LMK—0.66(60)型电流互感器、DM—6902型数字温度计。

（3）检验方法：参照《电力金具试验方法　第3部分：热循环试验》（GB/T2317.3—2008）。

图5.46为装置电阻温升试验的布置图。试验结果：当试验电流为600A时，装置中动触头1的温度最高为37℃；当试验电流为800A时，装置中动触头2的温度最高为46℃；当试验电流为1000A时，装置中动触头1的温度最高为65.7℃。

图 5.46　装置电阻温升试验布置图

5.8.2　机械试验

为了解传动机构提供给导电杆的推力以及导电杆打进合流装置的作用力，对装置进行了力的测量。图5.47为测量传动机构提供给导电杆作用力的试验布置图，图5.48为测量导电杆打入合流装置的作用力的试验布置图。

试验结果显示：

图 5.47 传动机构提供给导电杆的力测量

图 5.48 导电杆打入合流装置的作用力测量

(1)传动机构提供给导电杆的推力为 0.325kN;

(2)导电杆打入合流装置触指所需的作用力为 0.24kN。

5.8.3 合闸功能试验

为了验证导电杆和合流装置触头的中心线存在一定位移偏差时,导电杆能否顺利打入触头,进行合闸功能试验。试验表明,当导电杆和合流装置触头中心线偏差量为 ±110mm 时,导电杆仍能沿着合流装置的导向板顺利打入触头。如图 5.49、图 5.50 所示为合闸功能试验照片。

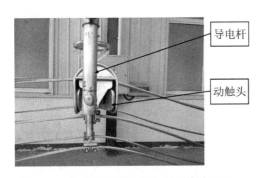
图 5.49 导电杆相对动触头向左偏移 110mm

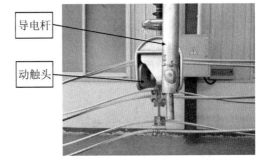
图 5.50 导电杆相对动触头向右偏移 110mm

5.8.4 装置操作试验

自动接线装置是通过传动机构实现的,为考察传动机构运行情况,对整套装置进行了多次操作试验,试验表明装置自动化程度高、性能稳定。如图 5.51 所示为装置实际操作过程照片。

(a)　　　　　　　　　　　　　(b)

图 5.51　装置操作试验

☞参考文献

方伊莉，顾莉．地线融冰自动接线装置鉴定资料—研制报告［R］．2013.10.

第6章 OPGW地线融冰

光纤复合架空地线(Optical Fiber Composite Overhead Ground Wire，OPGW)兼具通信通道和避雷线的功能，近10余年来已在高压输电线路中得到了广泛应用。在接地方式上，目前在实际工程中OPGW普遍采用逐基接地的方式，而普通避雷线则多采用分段绝缘、一点接地的方式。OPGW融冰方式与普通地线融冰方式是一致的，而融冰对OPGW的影响与普通地线不同之处是体现在对光单元的影响。要实现OPGW融冰，重点需要解决以下几个方面的问题：

(1)OPGW热稳定性问题，由于OPGW最大承受温度为85℃，要实现OPGW融冰，首先需要分析在OPGW中加入300A电流后，能否承受最大温升以及温升超过85℃情况下，对OPGW传输特性是否存在影响。

(2)由于OPGW光缆在耐张塔通过预绞丝固定在地线支架上，需要设计拉力和覆冰耐压距离均满足要求的耐张绝缘子和悬垂绝缘子。

(3)在OPGW接续点处，需要对现有OPGW光缆走线方式进行改造，将OPGW从塔身内部穿越，改为从塔身外侧穿越，解决与杆塔的绝缘问题。

(4)在OPGW分段点处，需要将两侧的OPGW进行光电分离，解决光缆接续盒分段绝缘问题。

6.1 OPGW温度特性

光纤复合架空地线(OPGW)，是一种具有电力架空地线和通信能力双重功能的金属光缆。

6.1.1 OPGW的结构

OPGW由一个或多个光单元和一层或多层绞合单线组成，常用结构如图6.1所示。

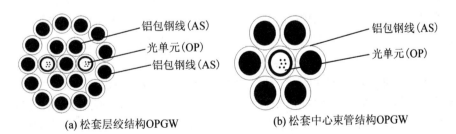

图6.1 OPGW光缆结构示意图

目前南方电网中所采用的 OPGW 均以上述两种结构为主，其组成包括铝包钢线及光单元。其中光单元由光纤、光纤油膏(简称"纤膏")、不锈钢保护管组成，如图 6.2 所示。OPGW 与普通地线的结构是相同的，主要区别在于 OPGW 具有光单元，而普通地线没有光单元。

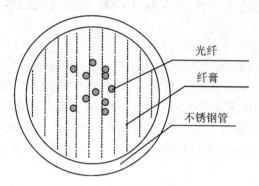

图 6.2　OPGW 光单元结构示意图

OPGW 为铝包钢单丝绞合而成，与铝包钢绞线(良导体地线)的材料一致；OPGW 与镀锌钢绞线(GJ)、锌铝合金镀层钢绞线(GJX)等材料不同，但都具有良好的耐高温性能，因此不影响其融冰时的温度性能。

OPGW 的融冰方式与普通地线的融冰方式是一致的，而融冰对 OPGW 的影响与普通地线不同之处是体现在对光单元的影响。

6.1.2　OPGW 的温度性能

相关电力行业标准及《南方电网电力光缆技术规范》(Q/CSG110003—2011)中明确要求 OPGW 的温度特性必须满足温度循环实验的要求，实验要求合格的 OPGW 产品在 $-40\sim+65℃$ 温度范围内均能长期稳定运行，光纤相对于 20℃ 时的附加衰减应不大于 0.1dB/km。

这说明出厂合格的 OPGW 在 $-40\sim65℃$ 的温度范围内可以正常运行，但其实际可承受的最大运行温度应高于 65℃，原因分析如下：

目前使用的 OPGW 光缆的结构组成一般是采用铝包钢单线、不锈钢管、光纤和纤膏，各种材料温度性能如下：

(1)依据《110kV~750kV 架空输电线路设计规范》(GB 50545—2010)验算导线允许载流量时，导线的允许温度一般按下列规定取值：钢芯铝绞线和钢芯铝合金绞线宜采用 70℃，必要时可以采用 80℃，大跨越宜采用 90℃；钢芯铝包钢绞线和铝包钢绞线可以采用 80℃，大跨越可以采用 100℃，或经试验决定；镀锌钢绞线可以采用 125℃。

OPGW 不计光单元，实际就是铝包钢绞线，其持续温度等同于铝包钢绞线的温度；而光单元中的不锈钢管近似于镀锌钢绞线的允许温度。因此，OPGW 不计光纤和纤膏的其他部分，通电流后能在 80℃ 持续运行。

(2)OPGW 内的光纤出厂前必须通过在 85℃ 的环境下持续 30 天的干热试验，依据《光

纤试验方法规范 第 51 部分：环境性能的测量方法和试验程序 干热》(GB/T 15972.51—2008)中的要求，试验前后衰减变化和剥离力的变化符合相关产品规范的规定。因此，合格的光纤产品的长期耐高温性能可以达到 85℃。

(3)OPGW 内的纤膏依据《通信电缆光缆用填充和涂覆复合物 第 3 部分：冷应用型填充复合物》(YD/T 839.3—2000)中的相关要求规定，冷应用型填充复合物要求在-40~+80℃均可稳定使用，这是对纤膏的最低要求，而改变纤膏特性的滴点和闪点至少需要 200℃，因此纤膏在 80℃时不会滴流，长期耐高温性能可以达到 80℃。

综合以上分析，采用铝包钢单线材料的 OPGW 合格产品，实际上在 80℃时是可以长期正常运行的。因此可以考虑 OPGW 融冰允许温度取 80℃。OPGW 相关的温度性能要求汇总如表 6.1 所示。

表 6.1　　　　　　　　　　　　OPGW 相关的温度性能要求汇总

序号	类别	项　目	温度要求	依据规范
1	OPGW 光缆	温度循环试验	-40~65℃	DL/T 832—2003、Q/CSG 110003—2011
2	铝包钢绞线	最大允许载流量的计算温度取值	+80~100℃	GB 50545—2010
3	镀锌钢绞线	最大允许载流量的计算温度取值	125℃	GB 50545—2010
4	光纤	干热试验	85℃	GB/T 15972.51—2008
5	纤膏	锥入度、析油、蒸发量等温度性能	-40~80℃	YD/T 839.3—2000
6	纤膏	滴点、闪点	≥+200℃	YD/T 839.3—2000

注：《光纤复合架空地线》(DL/T 832—2003)；

《南方电网电力光缆技术规范》(Q/CSG 110003—2011)；

《110kV~750kV 架空输电线路设计规范》(GB 50545—2010)；

《光纤试验方法规范 第 51 部分：环境性能的测量方法和试验程序 干热》(GB/T 15972.51—2008)；

《通信电缆光缆用填充和涂覆复合物 第 3 部分：冷应用型填充复合物》(YD/T 839.3—2000)。

6.1.3 光单元的温度特性分析

分析融冰通流温升对 OPGW 的影响，主要应研究对光单元的影响，下面从组成光单元的光纤、纤膏和光单元整体对光单元承受超过+80℃时的温度性能进行分析。

1. 光纤温度影响分析

(1)光纤温度性能

光纤是一种高度透明的玻璃丝，由纯石英经复杂的工艺拉制而成。光纤的结构如图 6.3 所示。

光纤的组成包括纤芯、包层和涂覆层。

①纤芯：是掺杂的高折射率的石英玻璃材料，其作用是用于传导光波；

②包层：材料是掺杂的低折射率的石英玻璃或纯的石英玻璃，其作用是将光波限制在纤芯中传播；

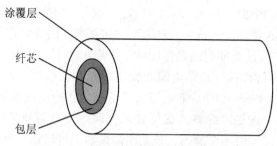

图 6.3　石英玻璃光纤结构示意图

③涂覆层：目前采用紫外固化的丙烯酸树脂涂料，保护光纤不受水汽侵蚀和机械擦伤，同时增加光纤的柔韧性。

目前我国生产的纤芯及包层拉丝温度基本上在 2000℃ 以上，玻璃表面张力使光纤结构与预制棒的结构相同，光纤又以高速度迅速从 2000℃ 左右冷却至室温，这中间关键的生产工艺是一次涂料的被覆，用于对纤芯及包层进行保护，形成涂覆层。

如果说 OPGW 的融冰温度会改变纤芯及包层的结构及损耗，那么至少要在 1700℃ 以上，真正影响光纤耐高温性能的是保护光纤的一次被覆涂层（涂覆层）。

目前涂覆层采用紫外固化的丙烯酸树脂涂料。丙烯酸树脂涂料一般分为内层和外层两种类型，内、外层涂料的抗张模量、抗拉强度、摩擦系数不同，以保护裸光纤、提高光纤抵抗外力的作用，使光纤在预计的使用寿命中能稳定工作。内层丙烯酸涂料一般为较低模量的材料，以提高其柔韧性，吸附能力，降低光纤的微弯损耗，外层采用高模量的材料，以提高其抗拉强度。

我国生产的涂覆材料大多是丙烯酸树脂，长期工作温度一般在 -60~85℃，当光纤应用在电力通信方面，这个温度范围能够满足要求。

依据《光纤用紫外光固化涂料规范》（GJB 2148—1994）3.2.2.4 软化度要求，光纤被覆层的软化点应不低于 85℃，因此，光纤长期耐高温性能达到 85℃。

（2）光纤温度性能试验

光纤温度性能试验的目的是检测在高温环境下光纤的温度特性、光纤衰减的变化，光纤再次熔接的损耗、光纤涂层是否受到损坏。如图 6.4 所示。

试验样品：G.652 单模光纤，长 1058m。

试验设备：OTDR（Optical Time Domain Reflectometer，光时域反射仪）、高低温试验箱、熔接机、不锈钢盘。

试验方法：先对松绕前的光纤进行测试，松绕之后再次测试，再把准备好的试样置于高低温箱内，50~80℃ 每升温 10℃，保温 1h，每个温度点测试光纤损耗，90~150℃ 每升温 10℃，保温 2h，每个温度点测试光纤损耗，从 100℃ 开始每个温度点进行 1 次光纤熔接。

试验结果记录如表 6.2 所示，相对附加衰减值亦计算列于表 6.2 中，光纤温度性能试验衰减值曲线图如图 6.5 所示。

(a) 高低温试验箱　　　　　　(b) 光纤(盘在铁盘内)

图 6.4　试验用的温箱及光纤

表 6.2　　　　　　　　　光纤温度性能试验记录

温度 /(℃)	光纤衰减值		保温时间 /(h)	相对附加衰减		熔接情况	接头损耗 /(dB)
	1310nm /(dB/km)	1550nm /(dB/km)		1310nm /(dB/km)	1550nm /(dB/km)		
20(未松绕)	0.318	0.153				未做熔接	—
20(松绕)	0.322	0.151		0	0	未做熔接	—
50	0.330	0.173	1	0.008	0.022	未做熔接	—
60	0.326	0.180	1	0.004	0.029	未做熔接	—
70	0.313	0.195	1	−0.009	0.044	未做熔接	—
80	0.310	0.179	1	−0.011	0.028	未做熔接	—
90	0.330	0.185	2	0.008	0.034	未做熔接	—
100	0.334	0.184	2	0.012	0.033	正常熔接	0.014
110	0.314	0.169	2	−0.008	0.018	正常熔接	0.008
120	0.341	0.190	2	0.019	0.039	正常熔接	0.005
130	0.330	0.181	2	0.008	0.03	正常熔接	0.029
140	0.313	0.180	2	−0.009	0.029	正常熔接	0.006
150	0.339	0.204	2	0.017	0.053	正常熔接	0.008

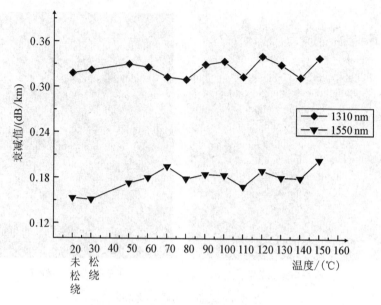

图 6.5   光纤温度性能试验衰减值曲线

试验结果分析：

①光纤在 50~150℃的温度下，每档温度保温 1~2 小时，光纤在 1310 nm/1550 nm 处的附加衰减范围符合电力系统行业标准及南方电网企业标准相对于 20℃时的附加衰减应不大于 0.1dB/km 要求。但试验光纤在 150℃时，衰减相对增加较大。

②在 100~150℃的温度下，抽出保温箱内光纤做熔接，每次的接头状态完好。接头损耗在 0.03 dB 以下。符合南方电网企业标准损耗不得大于 0.05dB 的要求。

③在 50~150℃的温度下完成试验后，所测光纤未见涂覆层软化脱落及开裂等现象，能与光纤芯紧密结合。

（3）光纤温度循环试验

光纤温度循环试验的目的是检测在温度循环下光纤的温度特性、光纤衰减的变化、光纤再次熔接的损耗、光纤涂层是否受到损坏。

试验样品：采用与温度特性试验相同的一盘光纤。

试验方法：光纤试样放置于高低温箱内，在放置好后进行第一个循环的常温下测试，测试后对光纤进行熔接，并测试接头损耗，再开始 150℃的实验，保持温度 3 个小时，再次测试光纤损耗、熔接、测试接头损耗；测试结束后让箱体降温至 25℃，再保持一个小时，第一个循环实验结束，重复 5 次实验。

试验结果记录如表 6.3 所示，相对附加衰减值亦计算列于表 6.3 中，光纤温度性能试验衰减值曲线图如图 6.6 所示。

表 6.3 光纤温度循环试验记录

温度循环	常温(25℃)		高温(150℃)		相对附加衰减		熔接情况	接头损耗
	1310nm /(dB/km)	1550nm /(dB/km)	1310nm /(dB/km)	1550nm /(dB/km)	1310nm /dB/km	1550nm /dB/km		
第一个循环	0.302	0.166	0.313	0.171	0.011	0.005	正常接续	0.022
第二个循环	0.319	0.188	0.316	0.185	−0.003	−0.003	正常接续	0.004
第三个循环	0.317	0.178	0.321	0.187	0.004	0.009	正常接续	0.007
第四个循环	0.316	0.190	0.344	0.193	0.028	0.003	正常接续	0.005
第五个循环	0.318	0.191	0.329	0.185	0.011	−0.006	正常接续	0.011
第六个循环	0.316	0.187	0.331	0.193	0.015	0.006	正常接续	0.01
6 次循环平均值	0.315	0.183	0.326	0.186	0.011	0.003	—	0.0098

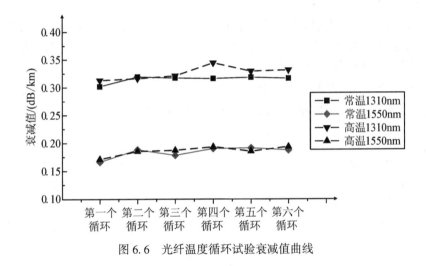

图 6.6 光纤温度循环试验衰减值曲线

试验结果分析:

①在常温至 150℃的温度循环试验下,光纤在 1310 nm /1550 nm 处的附加衰减范围符合电力系统行业标准及南方电网企业标准相对于 20℃时的附加衰减应不大于 0.1dB/km 的要求。但试验光纤在多次循环回复到常温后,衰减值与常温初测值有微小增加。

②在每次循环后,抽出保温箱内光纤做熔接。每次的接头状态完好,接头损耗在 0.03 dB 以下,符合南方电网企业标准接头损耗不得大于 0.05dB 的要求。

③在完成温度循环试验后,所测光纤未见涂覆层软化脱落及开裂等现象,能与光纤芯紧密结合。

(4)小结

上述试验测试的光纤衰减范围满足电力系统行业标准及南方电网企业标准的要求,光纤熔接的接头损耗满足南方电网企业标准的要求,所测光纤未见涂覆层软化脱落及开裂等现象，能与光纤芯紧密结合。试验证明光纤在超过相关标准要求 85℃后，在达到 150℃之前仍能正常工作。

但在 150℃时试验光纤的衰减相对 140℃增加较大，5 次常温至 150℃温度循环回到常温后，衰减值与常温初测值有微小增加。这可能与试验用测试仪器精度有关，也可能是光纤涂层在高温下发生了轻微变化，影响了传输质量。

根据试验情况，融冰时光缆内部光纤温度宜控制在低于 140℃范围内，以防止更高温度对光纤带来的不确定损坏因素。受试验仪器的温度范围影响，150℃以上的高温未做试验，建议到权威机构做试验分析。

2. 纤膏温度影响分析

(1)纤膏温度性能

光单元中填充的纤膏，具有防止潮气侵蚀、对光纤起衬垫作用，可以缓冲光纤受震动、冲击、弯曲等机械力的影响。是目前对光纤性能影响最大的材料之一。

国内各大光缆制造厂商出于对光缆长期稳定性的慎重考虑，通常选用进口或外商独资企业的光缆纤膏产品。

国内主流光缆厂家均使用全合成触变性化合物的纤膏，这类纤膏几乎适用于所有的光缆光纤的填充，其稳定性、阻水性(吸氢性能)、析氢性能特别适用于光纤复合架空地线(OPGW)不锈钢管的光纤纤膏填充。

依据《通信电缆光缆用填充和涂覆复合物 第 3 部分：冷应用型填充复合物》(YD/T 839.3—2000)中的要求，纤膏必须符合表 6.4 中的温度特性要求。

表 6.4 纤膏温度性能要求

序 号	性 能 项 目		要 求
1	锥入度，1/10mm	温度/(℃)	
		−40	≥230
		25	≥360
2	滴点，℃		≥200
3	析油，%，80℃，24h		≤1.0
4	蒸发量，%，80℃，24h		≤1.0

(2)纤膏温度性能试验

纤膏温度性能试验的目的是检测在高温环境下纤膏的温度特性，黏度是否失效、是否出现流动性。

试验样品；LA444 纤膏，500mmL 一个烧杯。

试验设备：高低温试验箱。

试验方法：试验温度从室温开始，然后逐步升温至 50℃、60℃、70℃、80℃、90℃、100℃、110℃、120℃、130℃、140℃、150℃各档温度。因与光纤及光单元放在同一保温箱内，为了保证保温箱温度的恒定，整个试验期间高低温试验箱不打开门，一直持续到

150℃，连续 18 个小时后再打开高低温试验箱查看最后结果。

试验结果分析：试验最后打开高低温试验箱，取出光纤纤膏烧杯，查看经历了 18 个小时的纤膏的性能与常温下的纤膏的区别，如图 6.7 所示，从试验的器具上看到黏度下降，但是仍然是黏稠的膏状，在没有外力的作用下不具有流动性。纤膏从 150℃恢复至室温后，其黏度恢复正常。

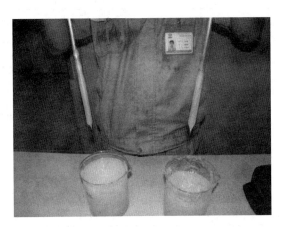

左为 150℃的样品，右为室温 28℃的样品

图 6.7　纤膏温度性能试验前后对比现场图片

（3）纤膏温度循环试验

纤膏温度循环试验的目的是检测在温度循环下纤膏的温度特性，各项温度性能指标是否符合相关要求。

试验样品：LA444 纤膏，500mmL 烧杯 10 个。

试验设备：高低温试验箱。

试验方法：纤膏试验从 60～150℃，每一档温度准备一个烧杯（供 10 个烧杯），从室温开始到指定的温度，再自然降温到室温，每档测试光纤纤膏的 4 个参数：锥入度（1/10mm），滴点（℃），油分离（%），蒸发量（%）的变化范围。

试验结果记录如表 6.5 所示。

表 6.5　　　　　　　　　　　　　纤膏温度循环试验记录

温度循环过程	纤膏性能指标			
	锥入度/(1/10mm)	滴点/(℃)	油分离/(%)	蒸发量/(%)
常温(25℃)	466	210	0.029	0.124
60℃后至常温	462	205	0.088	0.116
70℃后至常温	464	208	0.032	0.037

续表

温度循环过程	纤膏性能指标			
	锥入度 /(1/10mm)	滴点 /(℃)	油分离 /(%)	蒸发量 /(%)
80℃后至常温	463	209	0.074	0.18
90℃后至常温	467	207	0.054	0.076
100℃后至常温	463	205	0.023	0.032
110℃后至常温	468	214	0.017	0.075
120℃后至常温	474	212	0.076	0.115
130℃后至常温	473	208	0.053	0.073
140℃后至常温	472	220	0.027	0.138
150℃后至常温	474	206	0.108	0.179
厂家提供数据	430	220	0	0.05
标准要求(YD/T839.3—2000)	≥360	≥200	≤1.0	≤1.0

试验结果分析：试验光纤纤膏短期能耐受的高温可达 150℃，各项性能指标均可满足《通信电缆光缆用填充和涂覆复合物　第 3 部分：冷应用型填充复合物》(YD/T 839.3—2000)中的标准要求。

(4)小结

在对纤膏做 50~150℃温度性能试验、温度循环试验后，其主要性能指标仍可满足相关行业标准的要求值。试验证明纤膏油分离(%)、蒸发量(%)等参数在超过相关标准要求 80℃，达到 150℃时仍能满足要求，其主要原因是，通信行业标准是针对-40~+80℃的使用环境做相关要求，而没有规定对特定高温再做试验。实际上改变纤膏物理特性的滴点、闪点至少需要 200℃以上的温度。

根据试验情况，融冰时纤膏温度控制在 150℃范围内，纤膏性能不明显劣化，符合应用要求。受试验仪器的温度范围影响，150℃以上的高温未做试验，建议到权威机构做试验分析。

3. 光单元整体温度影响分析

光单元包括不锈钢管、光纤及纤膏，前面对光纤及纤膏分别单独进行了试验和分析；对于不锈钢保护管，其与镀锌钢材料温度特性相近，温度特性可耐 125℃持续高温(见表 6.1)，熔点高达 1300℃，因此不再单独对不锈钢管做试验。

下面采用光单元做试验，以验证光单元的整体温度特性。

(1)光单元温度性能试验

光单元温度性能试验的目的是检测在高温环境下光单元的温度特性、光纤衰减的变化、是否出现纤膏溢出或滴流现象。

试验样品：光单元，长 1632m，G.652 光纤。

　　试验设备：高低温试验箱(见图6.8)、OTDR、熔接机。

　　试验方法：试验温度从室温开始，60℃、70℃、80℃、90℃、100℃、110℃、120℃、130℃、140℃直到150℃，测试光纤损耗变化、观察纤膏是否有溢出或滴流现象。

图6.8　高低温试验箱内的光单元盘

　　光单元温度性能试验结果记录如表6.6所示，相对附加衰减值亦计算列于表6.6中，光纤衰减值曲线如图6.9所示。

表6.6　　　　　　　　　　　　　　　光单元温度性能试验光纤衰减值

温度/(℃)	光纤衰减值		相对附加衰减	
	1310nm	1550nm	1310nm	1550nm
常温(30)	0.329	0.185	0	0
50	0.330	0.182	0.001	−0.003
60	0.327	0.183	−0.002	−0.002
70	0.330	0.183	0.001	−0.002
80	0.331	0.186	0.002	0.001
90	0.334	0.185	0.005	0
100	0.335	0.186	0.006	0.001
110	0.337	0.190	0.008	0.005
120	0.336	0.191	0.007	0.006
130	0.336	0.192	0.007	0.007
140	0.336	0.193	0.007	0.008
150	0.340	0.198	0.011	0.013

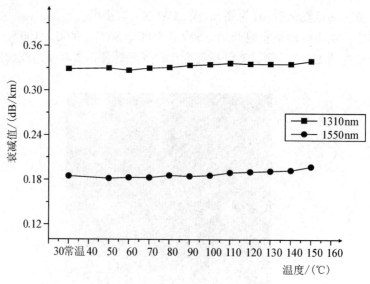

图 6.9　光单元温度性能试验光纤衰减值曲线

　　试验结果分析：光单元在 60～150℃ 的温度下，每档温度保温 2 小时，光纤在 1310nm/1550nm 处的附加衰减均不超过 0.03dB，符合国家标准相对于 20℃ 时的附加衰减应不大于 0.1dB/km 的要求。光单元内纤膏未见溢出或滴流现象，光单元整体良好。

　　(2) 光单元温度循环试验

　　光单元温度循环试验的目的是检测在温度循环下光单元的温度特性、光纤衰减的变化、是否出现纤膏溢出或滴流现象。

　　试验样品：采用温度性能试验的同一盘光单元。

　　试验方法：光单元从室温到 150℃ 保温 3 小时，连续做 5 个循环，测试光纤在 1310 nm /1550 nm 处的衰减，观察纤膏是否有溢出或滴流现象，同时做光纤熔接的试验。

　　光单元温度循环试验测试数据如表 6.7 所示，相对附加衰减值亦计算列于表 6.7 中，试验光纤衰减值曲线如图 6.10 所示。

表 6.7　　　　　　　　　　　　　光单元温度循环试验衰减值

温度/(℃)		光纤衰减值		相对附加衰减	
		1310nm	1550nm	1310nm	1550nm
第 1 个循环	常温	0.331	0.202	0	0
	150	0.339	0.206	0.008	0.004
第 2 个循环	常温	0.334	0.198	0.003	−0.004
	150	0.343	0.21	0.012	0.008
第 3 个循环	常温	0.334	0.199	0.003	−0.003
	150	0.347	0.21	0.016	0.008

续表

温度/(℃)		光纤衰减值		相对附加衰减	
		1310nm	1550nm	1310nm	1550nm
第4个循环	常温	0.338	0.202	0.007	0
	150	0.346	0.212	0.015	0.01
第5个循环	常温	0.333	0.197	0.002	−0.005
	150	0.344	0.205	0.013	0.003
第6个循环	常温	0.338	0.203	0.007	0.001
	150	0.345	0.209	0.014	0.007

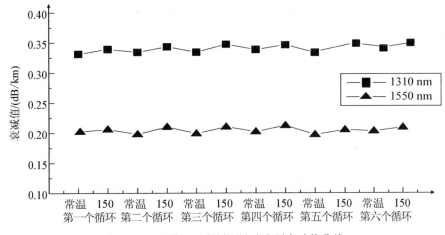

图6.10 光单元温度循环试验光纤衰减值曲线

试验结果分析:

①光单元在常温至150℃的温度循环下,光纤在1310 nm/1550 nm处的附加衰减不超过0.03dB/km,符合国家标准相对于20℃时的附加衰减应不大于0.1dB/km的要求,光单元内纤膏未见溢出或滴流现象。

②光纤在每次循环后,抽出保温箱内光纤做熔接,每次的接头状态完好,接头损耗在0.03 dB以下,符合南方电网企业标准损耗不得大于0.05dB的要求,光单元整体良好。

(3)小结

通过对光单元(及前述光纤、纤膏)的试验,可以认为对光单元的耐高温性能远超过80℃,可以耐受近150℃高温。

在光纤温度性能试验中,150℃时试验光纤损耗相对140℃增加较大,在5次常温至150℃温度循环回到常温后,衰减值与常温初测值有微小增加的现象;但在光单元的整体试验中,光纤到达150℃后损耗没有出现以上情况,附加衰减值均不超过0.03dB/km;从150℃恢复到常温后,衰减值可以恢复到常温初测值。这可能是光纤在光单元中受油膏保护,避免了涂覆层高温下与空气接触产生不良反应。

鉴于目前所有试验均只做到150℃，单根光纤在150℃时温度试验中出现过损耗相对增加较大的情况，但140℃以下的光纤衰减均正常。因此，建议光单元在融冰期间的温度控制在140℃以内。

6.2　融冰通流温升对 OPGW 的影响

探究 OPGW 融冰通流带来的温升对光钎衰减、弧垂、寿命的影响。

6.2.1　OPGW 融冰通流试验

上述光单元的温度性能试验，验证了光单元可以短期耐受140℃高温。针对 OPGW 融冰通流后，光缆外部实际温升与通流前测算温度是否一致、内部光单元及 OPGW 的表面温差有多大、对 OPGW 的整体影响又如何等问题，进行了模拟线路融冰通流对 OPGW 影响的试验，测试了 OPGW 通流时的温度特性，包括大电流情况下 OPGW 温升与电流的关系、OPGW 内部温度与表面温度的差别、融冰时以及融冰后光纤衰减的变化、融冰后光纤是否还能进行再次熔接等。

1. OPGW 未覆冰通流试验

（1）试验条件

试验样品：层绞式结构 OPGW—18B1+6B4+2A1a—127［162.0；83.8］，26 芯（18 芯 G.652，6 芯 G.655，2 芯多模光纤），长度150m。

试验工具：OTDR、大电流发生器、DTS（Dstributed Tperature Sensor，分布式温度传感系统）、温度监测传感器、感应电流测试仪。

试验方法：OPGW 架设于两塔间，架设长度约100m；其中18芯 G.652 光纤串联成3.1km 的光学回路。在 OPGW 上加载电流，光缆温度上升趋于恒定后，测量温度监测点的数据变化情况，同时实时监测光纤衰减变化。加载电流分别为100A、150A、200A、220A、250A。

（2）试验结果记录

试验结果如表6.8所示。

表6.8　　　　　　　　　　　　OPGW 未覆冰通流试验结果

电流 /（A）	持续时间 /（min）	OPGW 表面温度实测值 /（℃）	OPGW 内层温度 /（℃）	光纤温度 /（℃）	光纤衰减 /（dB/km）	OPGW 表面温度理论值 /（℃）
0	0	24	24	24	0.575	
100	100	37.2	37.56	41.8	0.576	37.1
150	90	53.9	56.4	63	0.573	53.6
200	60	80.2	86.2	99	0.586	80.7
220	60	93.4	100.6	123	0.592	94.2
250	60	115	135	152	0.580	117.1

（3）试验结果分析

①由于采用 18 根光纤串接，光纤衰减包括中间多个接头损耗的衰减。

②电流在 150A 以下时，OPGW 表面温度低于 54℃，OPGW 内层温度低于 57℃，光纤温度低于 63℃，光纤衰减为 0.575dB/km 左右不变，与常温 20℃时的衰减基本一样。

③当电流由 150A 逐步加大至 250A，此时 OPGW 表面温度由 54℃升至 115℃，内层温度由 56℃升至 135℃，光纤温度由 63℃升至 152℃。在此过程中，光纤衰减稍微增大，由 0.575dB/km 增加至 0.592dB/km，增加 0.017dB/km。同时光缆弧垂变大，贴近地面。

2. OPGW 局部覆冰通流试验

（1）试验条件

试验样品：采用 OPGW 未覆冰通流试验的光缆样品。

试验方法：完成 OPGW 未覆冰通流试验后，在 OPGW 表面离耐张线夹 30m 和 35m 处各上下固定两块冰，将热电偶传感器置于冰块中心位置的 OPGW 表面。

通流 300A 持续 60min，每 3~5min 测量试样段上各温度监测点的数据变化情况，同时实时记录光纤衰减变化。通流结束恢复常温后，将 OPGW 从中间剪断，观察钢管内部光纤和纤膏的变化，同时对剪断处的光纤进行熔接，观察光纤外表变化并记录熔接机估算的光纤接续损耗。

（2）试验结果记录

试验结果如表 6.9 所示。

表 6.9　　　　OPGW 局部覆冰常温通流 300A 试验数据结果

时间	外层加冰 1 处 /(℃)	外层加冰 2 处 /(℃)	外层温度 /(℃)	内层 /(℃)	DTS 加冰 1 处 /(℃)	DTS 加冰 2 处 /(℃)	DTS 温度 /(℃)	G.652 1550 衰减 /(dB/km)
10:55	−4	−6	22.5	23	−0.94	−0.3	22	0.585
11:04	6.5	4.8	46.8	51	16	21	58	0.588
11:07	7.96	7.1	69.5	69	29	30	78	0.587
11:10	10.7	8.6	80.8	84	24	37	94	0.588
11:13	11.9	10.4	95.3	104	29	47	116	0.591
11:16	11.7	11.8	106	119	33	30	134	0.594
11:19	13.8	14	120.3	138	28	24	155	0.594
11:25	16.9	16.9	133.8	153	40	28	172	0.594
11:30	22.9	11.3	148.3	170	50	31	192	0.600
11:35	24.6	10.8	154.3	176	57	36	198	0.599
11:40	17	14	158.3	183	38	52	202	0.595
11:45	20	18.2	150.5	187	50	61	207	0.602
11:50	22.3	15.7	168.3	189	66	69	213	0.607
11:55	24.4	15	162.3	185	67	45	214	0.611
12:00	24.5	16	158.8	188	68	51	216	0.614
							恢复常温衰减 0.627	

（3）试验结果分析

①OPGW 通直流电流以后，钢管内部光纤温度高于 OPGW 表面温度，表面温度越高，这个温差越大。

②通流 1 小时 OPGW 温度稳定以后光纤衰减增加 0.029dB/km；OPGW 外层实测温度 168.3℃，比理论计算值 169.3℃相差 1℃。

③通流结束后对 OPGW 进行降温，降到室温时对光纤进行衰减测试，衰减达到 0.627 dB/km，比试验前常温时增加了 0.042dB/km 的附加衰减。

④OPGW 温度降到室温时弧垂最低点比试验前降低了 20cm。

⑤光缆通流恢复常温后剪断 OPGW 光缆，剥开不锈钢管可以闻到轻微焦煳味；对里面的光纤进行熔接。光纤可以正常熔接（接续衰减在 0.01~0.05dB/km 之间）。

6.2.2　OPGW 通流时内外温差分析

下面结合 OPGW 未覆冰通流试验和局部覆冰通流试验数据，对 OPGW 通流时内外温差进行分析：

（1）对 OPGW 所加电流越大，达到热平衡时，光缆外部温度越高，且与内部光纤的内外温差越大，内部温度始终高于表面温度，最高温差不超过 50℃（本次试验实测 49℃）。

试验结果曲线如图 6.11、图 6.12 所示。

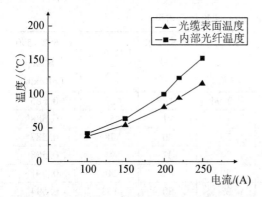

图 6.11　未覆冰 OPGW 融冰通流达到稳定时
内外温度随电流变化曲线

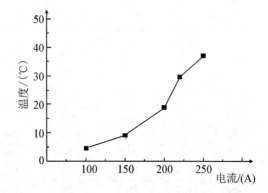

图 6.12　未覆冰 OPGW 融冰通流达到稳定时
的内外温差随电流变化曲线

在 OPGW 通流试验中，电流逐步从 100A 增加到 250A，OPGW 表面温度从 37.2℃最高升至 115℃，而对应内部光纤温度为从 41.8℃升至 152℃，内外温差为 4.6~37℃。总的趋势是：内部温度始终高于表面温度，温升越高，二者相差越大，这与直流传输的特点有关。交流电传输中，由于"集肤效应"，电流主要集中在导体的表面，内部几乎无电流通过，因此发热主要体现在电缆表面。而在直流传输中，没有"集肤效应"，电流在整个导体截面均匀通过，因此，截面上各点的发热量应是均等的。在低电流低温区，由于 OPGW 表面的温度与环境温度梯度差不大，表面散热较缓，表征为二者之间温度接近。在大电流高温区，OPGW 表面温度与环境温度之间的梯度差变大，表面散热加快，从而导致了导体内部温度远高于表面温度。

（2）对 OPGW 恒定电流通流过程中，光缆外部温度、内部光纤温度及内外温差随通流时间的增加逐步增大，热平衡稳定时内外温差最大，最高温差不超过 50℃。试验结果曲线如图 6.13、图 6.14 所示。

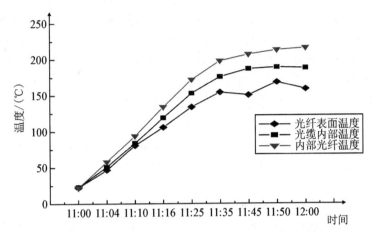

图 6.13　OPGW 局部覆冰通流试验——非覆冰段通流温升曲线

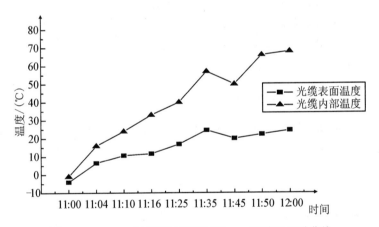

图 6.14　OPGW 局部覆冰通流试验——覆冰段温升曲线

在本次 OPGW 局部覆冰通流试验中，300A 的电流通流 1 小时后，光缆内外温度趋于稳定，期间非覆冰段光缆表面温度从 22℃升至 167℃，内部光纤温度从 23℃升至 216℃，温差从 1℃升至 49℃；覆冰段光缆表面温度从-4℃升至 24.5℃，内部光纤温度从 1℃升至 68℃，温差从 5℃升至 44℃。OPGW 在通直流电流后，覆冰段与非覆冰段的温升特性以及内外温差基本一致，光缆表面温度随电流增加而上升，光缆内部光纤温度与表面温度存在差异，内部温度大于表面温度，最大时温差都在 46℃左右。

超高压输电公司贵阳局在开展科技项目《500kV 线路地线（OPGW）全绝缘节能降耗与

融冰技术研究与实施》的研究中，于 2011 年 9 月 18—19 日委托上海电缆研究所对中天日立光缆有限公司提供的 OPGW 试样，样品型号为 OPGW—138—22B1+2A1b（24 芯钢管式 OPGW，长度 300m）进行了融冰电流温升试验。其中在试验电流恒定在 340~380A 间，并持续 120min 的过程中对光缆内外温差进行了测试，测试结果为光缆表面温度在 100℃ 至 130℃ 之间，内部光纤温度在 120℃ 至 137℃ 之间，内外温差最大为 17℃。

从已有的试验结果看，融冰通流过程，光缆内部和表面温度逐步增大，内部温度始终高于表面温度，一般 1 小时内可以达到热平衡稳定状态；融冰通流试验中试验缆型表面温度为 80℃ 时，内部光纤温度为 99℃，相差约 20℃，而温差达到 50℃ 时的融冰电流已远超出试验缆型的最大允许融冰电流，因此可以认为一般正常情况下，稳定时光缆表面温度和内部光纤温度的温差一般不会超过 50℃。

（3）OPGW 表面温度实测值和表面温度理论计算值基本接近（表 6.8），实测值普遍略低于理论计算值。

在 OPGW 未覆冰通流试验中，OPGW 表面温度理论计算条件是：环境温度 24℃、风速 0.1m/s、日照强度 0、表面吸收系数 0.9、表面散热系数 0.45。

（4）结论：

OPGW 表面温度计算值与 OPGW 表面温度实测值基本一致，由于现有线路光缆在实际融冰过程中，可能无条件对温度进行实测，因此将 OPGW 表面温度理论计算值作为实际融冰通流后温升的表面温度，据此考虑温度对光缆的影响是可行的。

在实施融冰前计算要加载的融冰电流时，若控制表面理论计算温度小于 80℃，这时实际融冰通流时表面实测温度将接近 80℃，由于内部光纤温度与光缆表面温度温差一般不超过 50℃，因此内部光纤温度将小于 130℃，根据光单元整体温度影响的分析，光缆内部光单元不会受损。

6.2.3　光纤衰减的影响分析

结合 OPGW 未覆冰通流试验和局部覆冰通流试验，能得到以下光纤衰减曲线图，如图 6.15、图 6.16 所示。

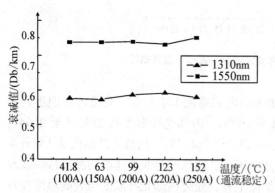

图 6.15　通流 100~250A 稳定时不同内部光纤
温度对应的光纤衰减曲线

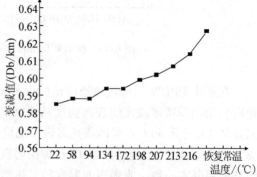

图 6.16　通流 300A 在 1 小时过程中不同内部
光纤温度对应的光纤衰减曲线

(1)内部光纤温度在 155℃ 以下时,光纤衰减无明显变化,也符合国家相关标准及企业相关标准的要求。

在整个 OPGW 未覆冰通流试验过程中,光纤衰减的变化最大为 0.016dB/km,可以认为随着温度的上升,OPGW 由于热胀冷缩效应逐渐伸长,此时,由于光纤余长的存在,光纤由弯曲状态缓慢伸直。在这个变化过程中,光纤之间、光纤与阻水膏之间可能有相互摩擦,或者说运动受限,对光纤产生应力,使光纤产生"微弯损耗"。随着时间推移,这个应力会很快消失,光纤衰减又恢复至原始水平(这种现象在日常的 OPGW 应力—应变试验中都会遇到,即加力后虽然光纤还没开始受力,但光纤衰减已经开始变化)。由于这个衰减变化量很小,小于 0.03dB/km,符合国家相关标准及南方电网企业标准的范围之内,可以被认为是没有变化。本试验的测试值较前面的光单元温度特性试验测试值更能说明问题,因为 OPGW 此时是架设展放的,更接近于实际运行时的受力情况。

(2)OPGW 表面温度升至 167℃,内部光纤温度升至 216℃,再恢复到室温后,光纤衰减相对于 20℃ 出现了 0.042dB/km 的永久附加衰减。

在融冰通流的两个试验中,内部光纤温度在 140℃ 以下的情况下,光纤未见不可恢复的衰减,且温度升高期间光纤的衰减范围也符合国家相关标准及企业相关标准的要求。在 150~200℃ 的情况下,受试验条件限制,无实测值,暂不能判断在此范围内是否会对光纤造成不可恢复的衰减。但在 300A 电流作用 1h 后,OPGW 表面温度最高升至 167℃,光纤温度最高升至 216℃。恢复到室温后,光纤衰减出现了 0.042dB/km 的永久增加。当从 OPGW 中间剪断打开光纤钢管后,可以闻到轻微的焦烟味,纤膏颜色较常态下明显变黑。

从光纤熔接正常可以说明光纤最内层纤芯不受影响。出现光纤衰减永久增加的原因可能有两个:其一,光纤涂层性能劣化,可能的情形有光纤内层涂料延伸率降低、模量增加,涂覆层"变硬"。当光纤降到室温恢复弯曲状态时,涂层不能对光纤受到的弯曲力起到缓冲保护作用,因此光纤在此弯曲力的作用下产生"微弯损耗";其二,阻水膏性能劣化,粘度增加,触变性降低,光纤在油膏里不能处于"自由状态",这种阻力使光纤产生微弯损耗,引起衰减增大。OPGW 通 300A 电流待温度稳定后光纤衰减增加,但衰减范围符合国家相关标准的要求。这主要是受油膏和涂层受高温而劣化的影响。

由于一般情况下光纤涂覆层的长期工作温度只有 80℃,虽然在上述光单元温度特性试验中内部光纤温度在 140℃ 以下时,涂覆层未见性能变化;但对于 216℃ 高温,超出了纤膏滴点,也远超过光纤涂覆层长期工作温度,因此应是两个因素同时起作用造成的。

(3)结论。

①OPGW 融冰通流时,随着电流及温度的升高,光纤的衰减稍微增大,但内部光纤温度低于 150℃ 时,衰减范围符合国家相关标准及运行要求。

②OPGW 中的内部光纤温度超过 200℃ 时,出现不可恢复的附加衰减。初步分析是油膏和光纤涂覆层受损,影响了光纤的性能。

③由于试验是在两个厂家中进行,有一定代表性,但没有涵盖国内所有的 OPGW 产品型号。因此为保证现有在运行 OPGW 融冰时的安全,保险起见,对光单元的最高温度,建议内部温度控制在 130℃ 以下。

6.2.4　不同结构光缆受温升影响分析

目前，南方电网在运行的 OPGW 主要有层绞式结构及中心束管结构，这两种结构中层绞式结构得到广泛应用，中心束管结构应用较少。主要原因是中心束管结构光缆自身存在一些不足之处：余长较少、短路电流容量较小等。但该结构有外径小、重量轻的优点。部分线路设计时，当塔头的负荷不能承载层绞式 OPGW 时，采用中心束管式 OPGW 是唯一的选择，因此其仍有一定的应用空间。在覆冰地区新建线路设计时，都采用层绞式 OPGW，其机械强度大，抗覆冰能力强。但目前现有线路仍存在部分中心束管结构的 OPGW 应用。因此有必要分析这两种不同结构 OPGW 在融冰通流时受到的影响。

在 OPGW 光单元中填充光纤油膏对光纤有防止潮气入侵和机械缓冲两种保护功能，其另外还有更重要的一个功能，即光纤在不锈钢管中光纤余长的均匀分布。因为油膏在吸油泵的外力作用下(和温度作用下)粘度下降，使油膏填充率达到 95%，光纤在主动式放线的过程中只有 50g 左右的张力，光纤以螺旋式进入不锈钢管中，在凝胶状的油膏中保持螺旋状的余长分布，使光纤的损耗及传输性能十分优良。

1. 层绞式结构 OPGW 光缆受温升影响

在层绞式的 OPGW 结构中，不锈钢管光单元又以螺旋绞的方式与铝包钢丝整齐排列分布，使光单元内余长分布达 0.7% 左右。在融冰升温后，150℃ 的情况，对油膏的主要性能指标均无变化，即使到 220℃，油膏黏度下降，呈流动状态，油膏也会在光缆的每个截距中将光纤余长固定，不会产生光纤余长向弧垂最低点堆积，光缆两端光纤余长被吃掉的现象。

2. 中心束管式结构 OPGW 光缆受温升影响

在中心束管式的 OPGW 结构中，因为不锈钢管光单元是在光缆结构的中心位置，没有层绞式光缆因绞合缠绕所产生的二次余长。因此中心束管式的 OPGW 结构余长一般在 0.5% 左右。在融冰升温后，如果仅仅在 150℃ 的情况下，从试验的数据来看，油膏滴点温度没有下降，粘度损失不大，油膏还没有呈现流动性，对光纤余长分布没有影响。若当油膏呈流动性后，因为光缆的弧垂在覆冰中出现较大的下降，光纤余长会向光缆弧垂的最低点堆积，两端光纤余长被吃掉，光纤有可能会受力，甚至导致被拉断。

同时，因为光纤油膏的填充率达不到 100%，在光缆弧垂发生变化，融冰温度升高时，油膏也会向弧垂最低点移动，使光缆两端出现空置，那么，外来潮气或水就会由光缆两端侵袭或渗透，长期下来，光纤就会出现损耗增大或光纤变脆，机械强度下降等特征。

OPGW 融冰时会产生温度升高，若在覆冰段，其温度值不会太高，但在非覆冰段，其温度值会很高，非覆冰段会因温升产生较大的弧垂，光纤余长仍有向光缆弧垂的最低点堆积的可能，这时两端光纤余长被吃掉，光纤有可能会受力。

因此，中心束管式 OPGW 在融冰时，若温度过高，弧垂大增时会影响到其光单元内的光纤余长，存在受力的危险。

3. 结论

中心束管式 OPGW 因光纤余长相对较少,更容易受到温度、弧垂变化的影响。因此,对中心束管式 OPGW 融冰时不宜采取过大的电流,避免使其温度过高(温度宜不高于80℃),弧垂增大,引起光纤受力及受损。另外,对冰区新建线路不采用中心束管式 OPGW。

6.2.5 光缆弧垂受温升影响分析

1. 温度过高会引起 OPGW 塑性形变

在中天光缆厂做的覆冰通流 300A 试验中,OPGW 温度降到室温时弧垂最低点比试验前降低了 20cm。其主要原因是通流后温度过高,光缆外部为 167℃,内部达 216℃,使光缆产生了不可恢复的塑性形变。依据我国相关文献记载,某运行线路电流过载 3min 后,使 LGJQ—400 导线产生了 0.5mm/m 的塑性伸长,在 365m 的代表档距中,弧垂下降了1.2m,不可恢复。依据当时的环境及通过的电流,计算其表面温度为 127℃。不同导线的塑性伸长的温度是不同的,对于铝包钢材料的 OPGW,其塑性伸长的温度应比铝导线高,但其具体值需要通过试验才能得出。

因此,OPGW 融冰时应控制好融冰电流,避免其表面温度超过相关规范中规定的最高限值。只要融冰温度是在 OPGW 可承受的运行温度范围内,不会对 OPGW 的弧垂造成不可恢复的影响即可。

2. 温升对 OPGW 弧垂的影响

OPGW 融冰时温度升高,弧垂增大,有可能 OPGW 会与下方相导线接近,造成潜在的危险。因此在对 OPGW 融冰前,应计算融冰最高温度时 OPGW 的弧垂,验算 OPGW 与下方导线的距离是否安全。

3. 覆冰对 OPGW 弧垂的影响

OPGW 覆冰时产生的弧垂在线路设计中就已考虑,只要覆冰厚度不超出线路设计的覆冰条件,其弧垂依旧是可恢复的。

4. OPGW 弧垂增大对光纤的影响

融冰温升导致弧垂增大时,对中心束管式 OPGW 的光纤余长仍有向光缆弧垂的最低点堆积的可能,光纤有可能会受力。

5. 结论

(1)OPGW 融冰允许的计算最高温度宜在 80℃,以避免高温可能导致塑性变形,对弧垂造成不可恢复的影响。

(2)OPGW 融冰前,应计算融冰最高温度时 OPGW 的弧垂,验算 OPGW 与导线的距离是否安全。

(3)弧垂的变化对 OPGW 光纤余长有影响,对中心束管式结构的影响大于对层绞式结构的影响。

6.2.6 温升对 OPGW 寿命的影响

根据《110~500kV 架空送电线路设计技术规程》(DLT 5092—1999)中的要求,110~

330kV 线路、500kV 线路导线的使用寿命为 30 年，最高运行温度为+80℃。控制导线允许载流量的主要依据是导线的最高允许温度，后者主要由导线经长期运行后的强度损失和连接金具的发热而定，工作温度越高运行时间越长则导线的强度损失越大。上述规程对导线的最高运行温度规定为+80℃，主要考虑因素是为了防止导线压接处氧化，而 OPGW 全线无压接处，因此，理论上 OPGW 的长期运行可以高于此温度。与 OPGW 融冰过程相联系，可以认为在保证光纤寿命的温度环境下，融冰过程的高温对 OPGW 的强度没有任何影响，因此融冰对 OPGW 寿命的影响主要体现在光单元上。

1. 对裸光纤寿命的影响

不含光纤涂覆层的裸纤芯其成分主要是二氧化硅，熔点可达 1700℃，融冰过程的高温对裸纤芯的寿命应没有任何影响。

2. 对光纤涂覆层寿命的影响

目前光纤的涂覆层均为光固化丙烯酸酯类光纤涂料。涂覆层由两层组成：第一层模量较低(<5MPa)，作用是与光纤包层紧密粘结防止光纤表面微裂纹扩大并可以减轻光纤的微弯损耗；第二层模量较高(>800MPa)，作用是可以提高光纤的耐磨性能和机械强度。此双涂层结构具有固化快、易剥离、成本低等优点，其缺点是耐温等级不高，一般认为光固化丙烯酸酯类光纤涂料的长期使用温度为 85℃。

表 6.10 是美国 OFS 公司科研人员对普通商用光纤涂层热老化与光纤使用寿命之间的关系所做的研究成果。

表 6.10　　　　普通商用光纤涂层热老化与光纤使用寿命的关系

使用温度	失 效 判 据			
	5%	10%	25%	50%
20 年	85+13/−5	87+9/−5	93+6/−4	107+6/−4
1 年	111+10/−5	114+8/−4	122+5/−3	139+5/−4
1 月	135+8/−5	140+7/−4	150+4/−3	170+4/−3
1 天	174+5/−4	181+4/−3	195+3/−2	221+3/−2
1 小时	217+3/−2	229+2/−2	247+1/−1	279+1/−1
1 分钟	288+4/−3	306+4/−3	333+4/−3	379+4/−3

根据表 6.10 中的研究结果，可以做以下推算：如果 OPGW 按照 30 年的使用寿命，平均每年融冰时间为 2 小时(有可能某个年份融冰两次，但也可能某年不需融冰)，则 30 年使用期内，承受的高温环境时间约为 60h。假设涂层的性能(如延伸率、模量、热失重等)降低了 5%后就开始对光纤衰减产生影响，则取 5%作为失效判据，即如果光纤涂层的性能劣化了 5%，就会引起光纤衰减增大导致通信中断。在这个判据下，推断出的光纤使用寿命是：在 135℃的温度下(同时光纤衰减保持不变)光纤可以工作 1 个月(720h)。这远远大于 OPGW 使用期内的融冰工作时间 60 小时，因此，60 小时的短期高温环境(80～

135℃)不会对光纤涂层的性能产生影响，从而也不会对 OPGW 的光纤使用性能和寿命产生影响。

涂覆层性能劣化后光纤对外力的缓冲性能降低，有可能因光纤的微弯产生微弯损耗。但二氧化硅是一种模量很高的玻璃材料，涂层材料模量的细微改变，并不一定会导致可测的光纤的微弯。

3. 对光纤油膏寿命的影响

光纤油膏是将一种(或若干种)胶凝剂分散到一种(或若干种)基础油中，形成的一种粘稠性半固体物质。为了改善其相关性能，还加入少量抗氧剂或其他添加剂(如防腐剂、表面活性剂、氢气消除剂)。

基础油是光纤油膏的基材，其占油膏质量百分比为 70%~90%。光纤油膏的一些重要性能，如低温柔软性、挥发度等，主要由基础油的性能决定。常见的基础油有：

(1)矿物油：能满足油膏的基本使用要求，且价廉，但低温性能较差。

(2)合成油：其中最常用的是 α-烯烃，其高温、低温性能均优于矿物油，但价格较贵。目前，国产的光纤阻水膏都采用矿物油作为基础油，阻水膏的价格在 2 万元/吨，一般用于普通光缆的生产。而国内主流的 OPGW 生产厂家使用的光纤阻水膏均为进口(英国 BP、爱尔兰 info—gel)，其基础油为合成油。合成油的主要成分为聚 α-烯烃。聚 α-烯烃的优点之一是具有优良的高温稳定性(170~200℃)，被广泛用于高温轴承润滑、燃气轮机机油、高温航空润滑油、高温润滑脂等场合。

据此推断，对于温度为 100~135℃融冰时的光纤短期环境温度来说，对以聚 α-烯烃为主要成分的 OPGW 内光纤阻水膏性能不会产生长远的明显影响。

4. 结论

综合以上分析，因融冰是一个短期过程(一般不超过 2h)，即使每年都需要融冰，只要全程 OPGW 融冰温度控制在 80℃以内，其对 OPGW 光缆寿命的影响有限，不会因此而大幅缩短 OPGW 的使用寿命。

☞**参考文献**

[1]南方电网系统运行部，云南电力研究院，广东省电力设计研究院. 地线融冰对 OPGW 光缆影响的技术分析报告[R]. 2012. 10.

[2]中国南方电网有限责任公司. 南方电网电力光缆技术规范(Q/CSG110003—2011)[S]. 2011. 11. 8.

[3]中华人民共和国住房和城乡建设部，中华人民共和国质量监督检验检疫总局. 110kV~750kV 架空输电线路设计规范(GB 50545—2010)[S]. 北京：中国计划出版社，2010. 6.

[4]中华人民共和国国家质量监督检验检疫总局，中国国家标准化管理委员会. 光纤试验方法规范第 51 部分：环境性能的测量方法和试验程序— 干热(GB/T 15972. 51—2008)[S]. 北京：中国标准出版社，2008. 10. 1.

[5]中华人民共和国信息产业部. 通信电缆光缆用填充和涂覆复合物第 3 部分：冷应用型

填充复合物(YD/T839.3—2000)[S].北京:中国标准出版社,2000.9.12.

[6]国防科学技术工业委员会.光纤用紫外光固化涂料规范(GJB 2148—1994)[S].1994.12.13.

[7]李春晖,邓伟锋,徐常志,韦文波.温升对于 OPGW 光单元影响的技术分析[J].电力信息化,2013(6):106~111.

[8]缪晶晶,刘蕊.OPGW 分段绝缘和融冰技术的应用[C].2012 年中国电机工程学会年会论文.2012.11.21.

[9]栗鸣.OPGW 直流融冰过程对通信光纤的影响[J].电力信息化,2013(7):124~128.

第7章 地线融冰实例

本章选取的地线融冰实例为由超高压输电公司贵阳局管辖的青山甲线、青山乙线和高肇直流(贵州段)以及溪洛渡右岸电站送电广东线四条线路,其主要包括500kV交流线路地线、±500kV直流线路架空地线、带一根OPGW光缆的500kV交流线路地线和±500kV同塔双回直流输电工程直流线路地线。

7.1 500kV青山乙线地线融冰实例(纯普通地线)

500kV青山乙线为交流输电线路,纯普通地线,为了研究地线融冰接线方式对融冰电流、电压、容量的影响,对500kV青山乙线拟组合成全线采用设计地线,通过分析对比青山乙线融冰方案,为尽量减少融冰电流大小,降低融冰电压,在青山乙线实际改造过程中,按照方案3进行改造。

7.1.1 线路概况

500kV青山乙线全长112.37km,杆塔227基。线路从500kV青岩变电站出线后,向东南方向走线,在长田附近跨越贵阳—惠水公路,然后沿乡村公路走线,途经上黄、岩头寨、甲烈至摆金后,平行惠水—平塘公路走线,经洞口寨、斗底、虎狼寨进入平塘县西关,经旧司在狮子岩附近跨过曹渡河,又经牙舟、田家寨、老甘寨向左转避开规划的射电望远镜阵,经万独、平塘县城北米寅,在上寨附近跨越110kV剑塘线后,进入独山县境内,经长码洞在羊凤附近跨越110kV独平线,其后线路转向南避开部队的雷达站,在烟棚附近跨越220kV都麻线、110kV独麻线,沿贵新高速公路两侧走线,经尧梭乡转入500kV独山变电站。海拔高程770~1451m,全线高山大岭占23%,一般山地占73%,丘陵占4%。

7.1.2 冰区划分

79#~93#(4.565km)、211#~226#(5.135km)为20mm冰区,其余为10mm冰区(102.67km)。具体冰区划分情况及线路长度如图7.1所示。

7.1.3 地线融冰电流

1. 地线最小融冰电流

青山乙线地线融冰电流计算值列入表7.1,其计算条件为:环境温度-5℃,风速5m/s、冰厚10mm。

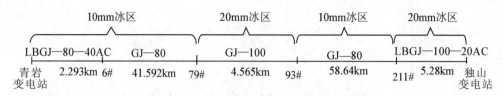

图 7.1 冰区划分及线路长度示意图

表 7.1   **架空地线最小融冰电流**   (单位：A)

地线型号	南方电网资料		本工程计算值	
	0.5h 融冰电流	1h 融冰电流	0.5h 融冰电流	1h 融冰电流
GJ—80	125	104	129	107
GJ—100	150	121	154	126
LBGJ—80—40AC	255	213	272	226
LBGJ—100—20AC	222	182	230	189

从表 7.1 中可见，本工程计算值与南方电网资料提供的融冰电流基本相同。融冰时间按南方电网融冰原则取 1h。

2. 地线最大允许电流

根据中国南方电网公司对导线最大允许电流的定义，是指在融冰的短时间内(最长几小时)允许导线达到最高温度(90℃)时所通过的电流。《110kV～750kV 架空输电线路设计规范》(GB 50545—2010)中规定验算导线允许载流量时，镀锌钢绞线的允许温度可以采用125℃；铝包钢绞线可以采用 80℃，大跨越可以采用 100℃。

计算导线的最大允许电流时环境条件为：温度-5℃，风速 3～5m/s。地线最大允许电流按冬季平均气温考虑。青山乙线全年平均气温为 10℃(10mm 冰区和 20mm 冰区)，计算地线最大允许电流环境温度偏安全取 10℃。

地线允许载流量计算方法采用《110kV～750kV 架空输电线路设计规范》(GB 50545—2010)中推荐的《电机工程手册》所列公式计算。计算地线最大允许载流量列入表 7.2。

表 7.2   **地线最大载流量**   (单位：A)

地线型号	融冰电流 /(A)	允许温度 /(℃)	环境温度 /(℃)	风速/(m/s)					
				0.5	1	1.5	2	2.5	3
GJ—80	107	125	10	185	212	230	245	257	267
GJ—100	126	125	10	216	247	269	286	300	312
LBGJ—100—20AC	189	100	10	287	332	362	386	405	422

注：载流量计算条件：辐射系数 0.9，吸收系数 0.9，日照强度 0.1W/cm²，其余条件见表中。

7.1.4 地线融冰方案选择

1. 地线融冰方案

为了研究地线融冰接线方式对融冰电流、电压、容量的影响,对 500kV 青山乙线拟组合成全线采用设计地线、全线采用铝包钢绞线(即将 GJ—80 换为 LBGJ—80—20AC、GJ—100 换为 LBGJ—100—20AC)及全线采用钢绞线(即将 LBGJ—80—40AC 换为 GJ—80、LBGJ—100—20AC 换为 GJ—100)三种地线型号组合方式,如图 7.2 所示。

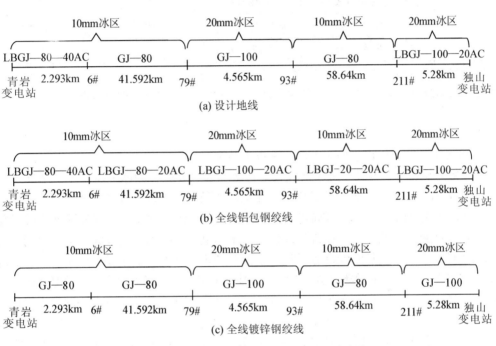

图 7.2 500kV青山乙线全线地线型号组合方案

2. 地线融冰电压计算

各方案融冰电流、电压和容量如表 7.3 所示。

表 7.3 各方案融冰电流、电压和容量

地线融冰接线方案	融冰电流、电压及容量	地线型号组合方式		
		设计地线	全线铝包钢地线	全线镀锌钢绞线
方案 1	电流/(A)	226(126)	226	126
	电压/(kV)	116.08(64.71)	53.24	57.11
	容量/(MW)	26.23(8.15)	12.03	7.196

续表

地线融冰接线方案	融冰电流、电压及容量	地线型号组合方式		
		设计地线	全线铝包钢地线	全线镀锌钢绞线
方案 2	电流/(A)	452(252)	452	252
	电压/(kV)	58.96(32.87)	27.54	34.11
	容量/(MW)	26.65(8.29)	12.45	8.60
方案 3	电流/(A)	918(512)	935	512
	电压/(kV)	30.87(17.21)	15.18	17.83
	容量/(MW)	28.35(8.81)	14.20	9.13

注：地线融冰接线方案 1 为利用两根架空地线的融冰方案，方案 2 为并联两根架空地线通过导线形成回路的融冰方案，方案 3 为将两根架空地线并联二次再通过导线形式回路融冰方案。

3. 地线融冰方案分析

分析表 7.3 中的计算结果，可以得到以下结论：

(1)相同地线组合方式，融冰接线方案每增加一次并联，融冰电压减半，融冰电流增加一倍，融冰容量基本不变。长线路，增加地线并联数，可以有效降低地线融冰电压。

(2)设计地线(镀锌钢绞线和铝包钢地线混用)、全铝包钢绞线、全镀锌钢绞线组合比较，相同地线融冰接线方案，以设计地线组合融冰电压、融冰容量最大；全铝包钢绞线融冰电压最低，全镀锌钢绞线融冰容量最小，但两者相差不大。根据以上计算，设计地线采用铝包钢绞线需要较大的融冰电流，全线主要使用的镀锌钢绞线电阻大，所以融冰电压、融冰容量明显增加，为便于进行地线融冰，地线的类型尽可能选用电阻率较小的导线型号。

(3)对于青山乙线而言，如果运行经验确认青岩变电站采用 LBGJ—80—40AC 地线 2.293km 出线段(10mm 冰区)和独山变电站采用 LBGJ—100—20AC 地线 5.28km 进线段(20mm 冰区)，经受了 2008 年大冰考验或设计考虑了 2008 年大冰条件，不考虑融冰，其融冰电压可以减小到与全镀锌钢绞线地线相当。

(4)利用两根架空地线的融冰(方案 1)，对不同的地线组合，融冰电压高达 53.24～116.08kV，远大于直流融冰装置电压±16kV 和地线绝缘子(间隙)的耐压，该方案不成立。

(5)地线融冰接线方案选择，主要取决于与地线绝缘子(间隙)污耐压和冰闪电压的配合。

4. 融冰方案选择

通过分析地线绝缘子污耐压和冰闪电压的配合，青山乙线主要采用方案 2 和方案 3 两种方式。

方案 2：并联两根架空地线通过导线形成回路的融冰。

(1)不考虑对两侧变电站进出线段铝包钢绞线地线融冰

如果不考虑两侧变电站进出线段铝包钢绞线的融冰，通过计算其融冰电流为 126A，融冰电压为 32.87kV。满足绝缘子覆冰耐压要求，同时在放电间隙为 40mm 时，不会发生覆冰绝缘闪络，计算其防雷效果可知，当绝缘间隙选择在 50mm 以下时，对线路防雷没有明显改善。因此，为简化现场绝缘子安装与调试，现场绝缘子放电间隙统一选择为40mm。

（2）考虑对全线四种地线融冰

若考虑全线地线都融冰，则最小融冰电流受 LBGJ—80—40AC 决定，即226A，按该融冰电流计算电压为 58.96kV，地线绝缘子将承受±29.48kV 电压，超过地线绝缘子覆冰耐压 23.2kV，故此方案不能实现对铝包钢绞线地线的融冰。

方案3：将两根架空地线并联二次再通过导线形式回路融冰。

（1）不考虑两端变电站进出线段铝包钢绞线地线融冰

这种情况融冰电流受 GJ—100 钢绞线地线决定，即126A，融冰电压 17.21kV，地线分两个并联段计算地线电压分布及间隙距离，融冰间隙统一选择为40mm。

（2）考虑对全线四种地线融冰

若考虑对全线地线都融冰，则融冰电流为 226A，融冰电压为 58.96kV，地线绝缘子将承受±29.48kV 电压，超过地线绝缘子覆冰耐压 23.2kV，故此方案不能实现对铝包钢绞线地线的融冰。

7.1.5 地线绝缘选择

1. 地线绝缘子选择

为了实现地线融冰，需对全线地线绝缘子进行改造，采用南京电气集团公司生产的 100kN RCRE—100C—2A(B)型和 RCRE—100CN—2A 型地线复合绝缘子，如图7.3、图7.4 所示。其参数如表7.4 所示。

图 7.3 RCRE—100C—2A(B)型地线复合绝缘子　　图 7.4 RCRE—100CN—2A 型地线复合绝缘子

表7.4　　　　　　　　　　　　地线直流复合绝缘子参数

型　号	盘　径 D/(mm)	结构高度 H/(mm)	爬电距离 L/(mm)	间　隙 /(mm)	安装方式
RCRZ100C(N)—1 （RCRE—100C—2A(B)）	134/90	324	490	10~60	悬垂
RCRZ100C(N)—2 （RCRE—100CN—2A）	134/90	324	490	10~60	耐张

经过重庆大学负极性直流耐压试验和国家电网电科院直流人工污秽试验研究，建议全线复合地线绝缘子间隙距离暂按 50mm 考虑，待经运行检验后，再作调整。

2. 地线绝缘子串型

根据《110kV~750kV 架空输电线路设计规范》（GB 50545—2010）中的规定："地线绝缘时宜使用双联绝缘子串"，绝缘地线悬垂串、耐张串如图 7.5、图 7.6 所示。地线绝缘子串组合型式如表 7.5 所示。

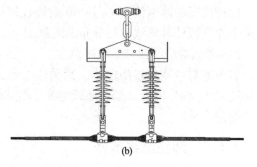

图 7.5　绝缘地线悬垂串

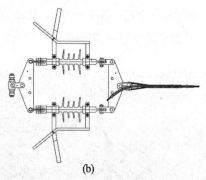

图 7.6　绝缘地线耐张串

表 7.5　　　　　　　　　　　　　　地线绝缘子串组合型式表

序号	新设计串型代号	适用塔型	对应原设计串型	
			代号	串长/（m）
1	DSX1A	直线塔（GJ—80）	DSX1	0.602
2	DSX4A	直线小转角塔（GJ—80）	DSX4	0.722
3	DN1A	耐张塔（GJ—80）	DN1	1.235
4	DSX21A	直线塔（GJ—100）	DSX21	0.470
5	DN21A	耐张塔（GJ—100）	DN21	0.595
6	ZSBX2A	直线塔（LBGJ—100—20AC）	ZSBX2	0.535
7	ZBN2A	耐张塔（LBGJ—100—20AC）	ZBN2	0.920

注：串长仅供参考，一律以实际串长为准。

3. 地线绝缘跳线

普遍线路的架空地线在耐张塔两侧都是开断连接在耐张塔上，无法形成电流通道。为形成电流通道，需将耐张塔前后两侧的架空地线加装跳线，同时安装支柱绝缘子，以保证地线与铁塔之间具有足够的绝缘间隙。地线宜通过塔顶设置支柱绝缘子向上跳，如图7.7所示。

图7.7　绝缘地线跳线安装图

对于绝缘的耐张串，若没有采用引流线夹，可以采用T形线夹引流跳线，如图7.8所示。

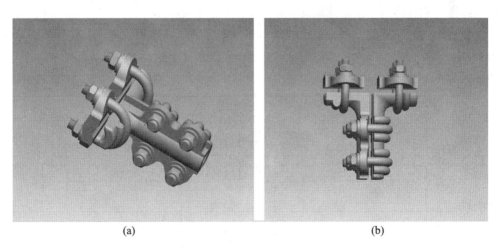

(a)　　　　　　　　　　　　　　　　　(b)

图7.8　跳线连接所用的螺栓型T形线夹

4. 绝缘子间隙选择

通过分析按照方案3改造后的地线融冰所需融冰电压和融冰电流大小，结合地线绝缘子污耐压和覆冰耐压试验数据分析可知，当间隙在40mm以上时，其防冰效果较明显；同时国家电网电科院对地线绝缘子间隙与防雷效果进行了分析，得出防雷间隙在 40~100mm时，线路全绝缘对地线防雷无明显影响，为确保在实际应用中绝缘配合最合理，同时为防止融冰过程中地线绝缘子被击穿，在实际工程改造过程中，青山乙线地线绝缘子防雷间隙全部按照 50mm 配置。

7.1.6 线路实际改造

1. 地线分段情况

通过分析对比青山乙线融冰方案，为尽量减少融冰电流大小，降低融冰电压，在青山乙线实际改造过程中，按照方案 3 进行改造。对 21#~226#塔进行绝缘改造，在 116#塔处进行分段，具体分段如图 7.9 所示。

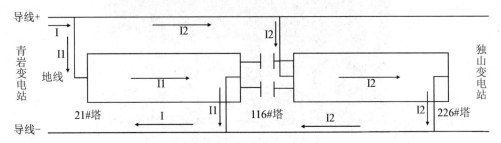

图 7.9　地线分段及融冰电流走向图

2. 地线接地方式

通过对 21#~226#地线进行绝缘改造，为降低其感应电压大小，在实际工程中，将两段地线进行了端点接地。在融冰期间，断开 K_1 和 K_2 接地刀闸，使地线全线绝缘；在防雷季节，合上 K_1 和 K_2 接地刀闸，使地线端点接地，保证线路防雷效果，具体接地方式如图7.10 所示。

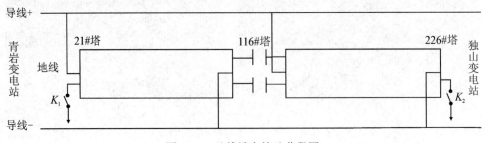

图 7.10　地线端点接地分段图

3. 地线感应电压测量

在地线绝缘改造完成后，为论证理论计算感应电压大小，组织施工单位对线路正常运行时，线路端点接地情况下，地线另一端感应电压的大小，经现场测量感应电压，测量数据如表 7.6 所示。

表 7.6　　　　　　　　　　　青山乙线感应电压测量数据

测量点	测量时间	接地刀闸情况	测量数据	区段	理论值	备注
116#	2011 年 12 月 2 日	21#、226#塔接地刀闸合上	725V	21#~116#	1770V	左侧地线
			1525V	116#~226#		
			710V	21#~116#	1770V	右侧地线
			1350V	116#~226#		

可见,实测值小于理论值。

4. 融冰装置的选择

青山乙线地线融冰装置主要通过独山变电站融冰装置增加稳流电抗器的方式实现,初次融冰时按照表 7.7 选择融冰装置的容量、电压、电流和各段地线上通过的电流,待取得运行经验后再对融冰装置的容量、电压、电流和各段地线上通过的电流进行调整。

表 7.7　　　　　　　　　　　　青山乙线融冰参数

接线方案	融冰装置		通过地线电流/(A)	
方案 3	电流/(A)	504.4	21#~116#	126.2
	电压/(kV)	15.42	116#~226#	126
	容量/(MW)	7.78		

7.1.7　现场运行

1. 地线融冰的启动试验

根据实施进度,超高压输电公司贵阳局在 2011 年 12 月 26 日完成了青山乙线地线融冰线路改造及带地线启动试验工作。地线融冰启动情况如表 7.8 所示。

表 7.8　　　　　　　　　　　青山乙线启动调试情况

线路名称	启动时间	启动电流	启动电压	持续时间	现场温升
青山乙线	2011.12.26	280A	22.3kV	20min	3℃

2. 地线融冰的基本操作

(1)线路运行部门根据直流融冰指挥组的安排,融冰线路停运后,配合进行融冰方式接线。

①检查确认 21#、116#、226#塔地线跳线(引流线)是断开的。

②将 116#塔后侧和 226#塔后侧两根地线分别并联后(为了便于融冰接线时的操作,地线融冰改造时,已将后侧两根地线永久并联),接在拟定的正极导线上(设定 C 相导线为正极导线),116#塔前侧和 21#塔前侧两根地线分别并联后(为了便于融冰接线时的操作,地线融冰改造时,已将前侧两根地线永久并联),接在拟定的负极导线上(设定 B 相导线

为负极导线），接线时只需要将 21#、116#、226# 塔盘在塔上的绝缘电缆用操作杆与对应的融冰专用线夹（四变一线夹）进行连接、固定即可。

③打开 21# 塔前侧和 226# 塔后侧的接地刀闸，即断开接地线。

④接线人员确认以上操作正确无误，人员下塔后向直流融冰指挥组汇报。

（2）直流融冰操作组将独山变电站融冰装置的正、负极接在相应导线上（设定 C 相导线为正极导线，B 相导线为负极导线）。

（3）融冰装置逐渐输出融冰电压、电流，并监控各地线上通过的融冰电流，达到各段地线的融冰电流，实现融冰。

（4）融冰电流受外部气象条件影响大，线路长，气象条件存在差异，此外融冰电流理论计算与实际需要的融冰电流有差距，所以融冰期间，线路运行部门要安排人员监测线路融冰情况，同时监视好地线（含接续处、耐张线夹及 T 形线夹）的发热及地线弧垂的变化，并将有关情况及时向融冰操作组负责人汇报，以便直流融冰操作组根据融冰现场情况及时调整融冰装置的容量、电压、电流。

（5）地线融冰完成，退出直流融冰装置。

（6）检查地线及地线复合绝缘子（含间隙）情况，确认无异常，合上 21# 前侧、226# 后侧接地刀闸（或接上接地线），即地线一端接地；拆除绝缘电缆与导线端的连接，并用绝缘架把绝缘电缆固定在导线横担上，绝缘电缆与地线的连接点不拆除；左右两侧地线并联的连接线不拆除，地线恢复到正常运行状态。

（7）接线人员确认以上操作正确无误，人员下塔后向直流融冰指挥组汇报。

7.2　±500kV 高肇直流地线融冰实例（纯普通地线）

贵州至广东 ±500kV 高肇线为直流输电线路，纯普通地线，为研究地线融冰接线方式对融冰电流、电压、容量的影响，对 ±500kV 高肇直流线路全线采用设计地线，通过分析对比高肇直流各种融冰方案，由于直流线路地线较长，为尽量减少融冰电流大小，降低融冰电压，在高肇直流实际改造过程中，按照方案 5 进行改造。

7.2.1　线路概况

贵州至广东 ±500kV 直流输电线路工程（贵州段）起于贵州安顺直流换流站，止于贵州与广西两省（区）交界点。线路路径总体为西北至东南走向，沿线地势北高南低，海拔高程为 500～1500m。

贵州至广东 ±500kV 直流输电线路工程（贵州段）全长 307.080km，杆塔 701 基。线路从安顺 500kV 换流站出线后即跨越安贵 500 千伏线路，然后向东北方向沿普定至马场公路走线，经白岩、蔡官，在大麻山—大灵山间跨越拟建贵黄高速公路后，折向东北，经二铺，在大西桥与马场分别跨越贵黄高等级公路、贵昆铁路及天贵 500 千伏线路，然后平行肖家田—摆忙—正科寨区乡公路走线，经肖家田、羊昌河、凯掌、燕楼、青岩、高坡、摆省、羊场、田坝寨、摆龙、摆忙，折向东南经江洲、平浪、重坡，在正科寨跨越墨冲河进入独山丙里。然后平行丙里—独山—周覃—九仟县区公路走线，经丙里，在麻万跨越贵新高速公路,经独山、基长、玉屏、廷牌、周覃、九阡向东南方向沿马车道经里坡、岜显,沿岜显—何家寨乡村公路,经岜显、佳荣、坤地至何家寨(贵州段和广西段交界点)。沿线经过普定、安顺、平坝、花溪、龙里、贵定、都匀、独山、荔波等九个市、区、县。线路全长 307.080km。

7.2.2　冰区划分

线路全线划分为 5 段 20mm 冰区(包括抗冰改造),长度共 30.355km,其余长度 275.725km 为 10mm 轻冰区。冰区具体划分如表 7.9 所示。

表 7.9　　　　　　　　　　　　　全线冰区划分

序号	起止塔号	高程/(m)	长度/(km)	设计冰厚/(mm)
1	239#~263#	1362~1565	8.102	20
2	353#~382#	1269~1389	9.125	20
3	401#~409#	1184~1250	2.427	20
4	553#~566#	893~1042	5.754	20
5	582#~593#	829~994	4.847	20
6	其余		275.725	10

7.2.3　地线融冰电流

1. 地线最小融冰电流

高肇±500kV 直流线路地线融冰电流计算值列入表 7.10,计算条件为:环境温度 -5℃,风速 5m/s、冰厚 10mm。

表 7.10　　　　　　　　架空地线最小融冰电流　　　　　　　　(单位:A)

地线型号	南网资料		本工程计算值	
	0.5h 融冰电流	1h 融冰电流	0.5h 融冰电流	1h 融冰电流
GJ—80	125	104	129	107
GJ—100	150	121	154	126
LBGJ—80—20AC			194	161
LBGJ—100—20AC	222	182	230	189

从表 7.10 中可见,本工程计算值与南方电网资料提供融冰电流基本相同。融冰时间按南方电网融冰原则取 1h。

2. 地线最大允许电流

《110kV~750kV 架空输电线路设计规范》(GB 50545—2010)中规定验算导线允许载流

量时，镀锌钢绞线的允许温度可以采用125℃。

融冰时间短(一般取1h)，尚无允许温度的规定，参照南方电网公司导线允许的温度取的大跨越的允许温度，因此镀锌钢绞线地线的融冰允许温度取125℃。

计算导线的最大允许电流时环境条件为：温度-5℃，风速3~5m/s。地线最大允许电流按冬季平均气温考虑。高肇直流全年平均气温为10℃(20mm冰区)和15℃(10mm冰区)，计算地线最大允许电流环境温度偏安全取10℃。

地线允许载流量计算方法采用《110kV~750kV架空输电线路设计规范》(GB 50545—2010)中推荐的《电机工程手册》所列公式计算。计算地线最大允许载流量列入表7.11。

表7.11　　　　　　　　　　　**地线最大载流量**　　　　　　　　　　(单位：A)

地线型号	融冰电流/(A)	允许温度/(℃)	环境温度/(℃)	风速/(m/s)					
				0.5	1	1.5	2	2.5	3
GJ—80	107	125	10	185	212	230	245	257	267
GJ—100	126	125	10	216	247	269	286	300	312

注：载流量计算条件，辐射系数0.9，吸收系数0.9，日照强度0.1W/cm²，其余条件见表中。

7.2.4　地线融冰方案选择

1. 地线融冰方案

为研究地线融冰接线方式对融冰电流、电压、容量的影响，对±500kV高肇直流线路28#~624#段261.328km，进行融冰电压计算。

±500kV高肇线架设两根地线仅作为防雷的措施，全线设计地线型号分布情况如图7.11所示。

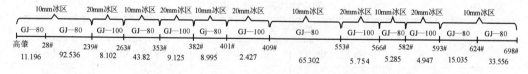

图7.11　±500kV高肇线全线地线型号分布情况图

2. 地线融冰电压计算

±500kV高肇直流线路地线采用GJ—80和GJ—100两种规格，由于GJ—100所需的融冰电流大，以GJ—100融冰电流作为控制条件，计算出各个方案融冰的电流、电压及容量，结果列入表7.12，同时考虑将GJ—80和GJ—100镀锌钢绞线分别换为LBGJ—80—20AC和LBGJ—100—20AC铝包钢绞线，LBGJ—100—20AC铝包钢绞线所需的融冰电流大，以LBGJ—100—20AC铝包钢绞线融冰电流作为控制条件，计算出各个方案融冰的电流、电压及容量大小，结果也列入表7.12以便比较。

表 7.12 　　　　　　　　　　　各方案融冰电流、电压及容量

地线融冰接线方案	融冰电流、电压及容量	GJ—80 和 GJ—100	LBGJ—80—20AC 和 LBGJ—100—20AC
方案 1	电流/(A)	126	189
	电压/(kV)	155.3	103.97
	容量/(MW)	19.57	19.65
方案 2	电流/(A)	252	378
	电压/(kV)	78.31	52.97
	容量/(MW)	19.74	20.02
方案 3	电流/(A)	508.26	770.36
	电压/(kV)	40.141	27.98
	容量/(MW)	20.40	21.55
方案 4	电流/(A)	773.1	1191.76
	电压/(kV)	27.873	20.354
	容量/(MW)	21.55	24.26
方案 5	电流/(A)	1051.02	1658.35
	电压/(kV)	22.09	17.12
	容量/(MW)	23.22	28.39

注：地线融冰接线方案 1 为利用两根架空地线串联融冰，方案 2 为并联两根架空地线通过导线形成回路，方案 3 为并联两根架空地线二次通过导线形成回路，方案 4 为并联两根架空地线三次通过导线形成回路，方案 5 为将两根架空地线并联四次再通过导线形成回路。

3. 地线融冰方案分析

分析表 7.12 中各地线融冰接线方案融冰电流、电压及容量计算结果，可以得到以下结论：

(1)融冰时两根地线并联次数加倍，融冰电压减半，融冰电流加大 1 倍，但对融冰装置容量影响较小。

(2)方案 1 和方案 2 融冰电压超过地线绝缘子覆冰最高耐压，方案不成立。

(3)对比镀锌钢绞线和铝包钢绞线地线可以看出，如果将全线的地线换为全铝包钢绞线，则融冰电压降低 22.5%~33%，电流增大 22%~50%，容量稍有增加。

(4)选择的地线融冰接线方案的融冰电压，主要取决于地线绝缘子(间隙)的污耐压和覆冰耐压的绝缘配合要求。

4. 融冰方案选择

从融冰电压分析可见，采用设计 GJ—80 和 GJ—100 镀锌钢绞线，方案 1、方案 2 融冰电压高达 78.31~155.3kV，超过地线绝缘子覆冰耐压，不成立，故按方案 3、方案 4 和

方案 5 计算地线绝缘子间隙值。

(1)并联两根架空地线二次通过导线形成回路的融冰(方案 3)

融冰电流受 GJ—100 镀锌钢绞线控制，融冰电流 126A，融冰电压 40.141kV。

(2)并联两根架空地线三次通过导线形成回路融冰(方案 4)

融冰电流受 GJ—100 镀锌钢绞线控制，融冰电流 126A，融冰电压 27.873kV。

(3)将两根架空地线并联四次再通过导线形成回路融冰(方案 5)

融冰电流受 GJ—100 镀锌钢绞线控制，融冰电流 126A，融冰电压 22.09kV。

7.2.5　地线绝缘选择

1. 地线绝缘子选择

采用南京电气集团公司生产的 100kN RCRE—100C—2A(B) 和 RCRE—100CN—2A 地线复合绝缘子，如图 7.3、图 7.4 所示，其参数如表 7.4 所示。

经过重庆大学负极性直流耐压试验和国家电网电科院直流人工污秽试验研究，建议全线复合地线绝缘子间隙距离暂按 40mm 考虑，待经运行检验后，再作调整。

2. 地线绝缘子串型

根据《110kV～750kV 架空输电线路设计规范》(GB50545—2010)中的规定:"地线绝缘时宜使用双联绝缘子串"，绝缘地线悬垂串、耐张串如图 7.5、图 7.6 所示。地线绝缘子串组合型式如表 7.13 所示。

表 7.13　　　　　　　　　　地线绝缘子串组合型式表

序号	新设计串型代号	适用塔型	对应原设计串型	
			代号	串长/(m)
1	DX11A	直线塔(GJ—80)	DX11	0.492
2	DX11JA	直线小转角塔(GJ—80)	DX11	0.452
3	DN11A	耐张塔(GJ—80)	DN11	0.710
4	DX21A	直线塔(GJ—100)	DX21	0.532
5	DN21A	耐张塔(GJ—100)	DN21	0.70
6	DX21B	直线塔(GJ—80)	DX21	0.512

注:串长仅供参考，一律以实际串长为准。

3. 地线绝缘跳线

普遍线路的架空地线在耐张塔两侧都是开断接在耐张塔上，无法形成电流通道。为形成电流通道，需将耐张塔前后两侧的架空地线加装跳线，以保证地线与铁塔之间具有足够的绝缘间隙。地线宜向下跳，如图 7.12 所示。

对于绝缘的耐张串，若没有采用引流线夹，可以采用 T 形线夹引流跳线，如图 7.8 所示。

图 7.12　绝缘地线跳线安装示意图

4. 绝缘子间隙的选择

按照方案 3(地线两次并联以导线为回路)改造后的地线融冰所需融冰电压和融冰电流大小,结合地线绝缘子污耐压和覆冰耐压试验数据分析可知,当间隙在 40mm 以上时,满足融冰要求,能够有效融冰;同时国家电网电科院对地线绝缘子间隙与防雷效果进行了分析,得出防雷间隙在 40~100mm 时,线路全绝缘时对地线防雷无明显影响,为确保在实际应用中绝缘配合最合理,在实际工程改造过程中,高肇直流地线绝缘子防雷间隙全部按照 40mm 配置。

7.2.6　线路实际改造

1. 地线分段情况

通过分析对比高肇直流各种融冰方案,由于直流线路地线较长,为尽量减少融冰电流大小,降低融冰电压,在高肇直流实际改造过程中,按照方案 5 进行改造。对 29#~624# 塔进行绝缘改造,分别在 178#、328+1#、470#塔三处进行分段,具体地线分段及融冰电流走向如图 7.13 所示。

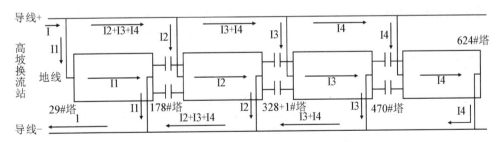

图 7.13　地线分段及融冰电流走向图

2. 地线接地方式

通过对 29#~624#地线进行绝缘改造,为降低其感应电压大小,在实际工程应用中,将每段地线进行了端点接地。在融冰期间,分别断开各段地线接地刀闸,使地线全线绝缘；在防雷季节，合上 K_1、K_2、K_3、K_4 接地刀闸，使地线端点接地，保证线路防雷效果，具体接地情况如图 7.14 所示。

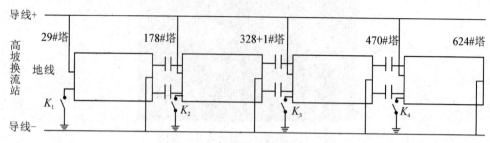

图 7.14　地线端点接地方式图

3. 感应电压的测量

在地线绝缘改造完成后，为论证理论计算感应电压大小，对线路正常运行时，线路端点接地情况下，绝缘地线末端感应电压进行现场测量，由于在实际融冰过程中，高肇直流分四段进行融冰，每一段长度基本相同，因此在测量其感应电压时，选取了其中一段进行测量，具体测量数据如表 7.14 所示。

表 7.14　　　　　　　　　　　　高肇直流感应电压的测量数据

测量点	测量时间	接地刀闸情况	测量数据	区段	理论值	备注
178#	2011 年 11 月 26 日	29#塔 接地刀闸合	530	29#~178#	1000V	在 1s 时感应电压在 1kV 以下

可见，实测值小于理论值。

4. 融冰装置的选择

高肇直流地线融冰通过安顺换流站安装专用地线融冰装置实现，初次融冰时按照表 7.15 选择融冰装置的容量、电压、电流和各段地线上通过的电流，待取得运行经验后再对融冰装置的容量、电压、电流和各段地线上通过的电流进行调整。

表 7.15　　　　　　　　　　　　高肇直流融冰参数

接线方案	融冰装置		通过地线电流/(A)	
方案 5	电流/(A)	1056.36	29#~178#	138.99
	电压/(kV)	22.43	178#~328+1#	133.88
	容量/(MW)	23.7	326#~470#	129.31
			470#~624#	126

7.2.7 现场运行

1. 地线融冰的启动试验

根据实施进度,超高压输电公司贵阳局在 2011 年 12 月 23 日完成了高肇地线融冰线路改造及融冰设备现场安装调试与启动试验工作。地线融冰启动情况如表 7.16 所示。

表 7.16   高肇直流启动调试情况

线路名称	启动时间	启动电流	启动电压	持续时间	现场温升
高肇直流	2011.12.23	280A	22kV	15min	2℃

2. 地线融冰的基本操作

(1)线路运行部门根据直流融冰指挥组的安排,融冰线路停运后,配合进行融冰方式接线。

①检查确认 29#、178#、328+1#、470#、624#塔地线跳线(引流线)是断开的。

②将 29#~178#、178#~328+1#、328+1#~470#、470#-624#段前后侧(线路大号侧方向为前侧,线路小号侧方向为后侧)两根地线用连接线分别并联(为了便于融冰接线时的操作,地线融冰改造时,已将前后侧两根地线永久并联),并分别接在导线的正、负极上。(为了便于区分,规定导线正极为线路大号侧的左边相导线,导线负极为线路大号侧的右边相导线)。接线时,29#、178#、328+1#、470#塔前侧地线并联后接导线的正极,178#、328+1#、470#、624#后侧地线并联后接导线的负极,接线时只需要将 29#、178#、328+1#、470#塔盘在塔上的绝缘电缆用操作杆与对应的融冰专用线夹(四变一线夹)进行连接、固定即可。

③打开 29#、178#、328+1#、470#前侧的接地刀闸,即断开接地线。

④接线人员确认以上操作正确无误,人员下塔后向直流融冰指挥组汇报。

(2)直流融冰操作组将高坡换流站融冰装置的正、负极接在相应导线上。

(3)融冰装置逐渐输出融冰电压、电流,并监控各地线上通过的融冰电流,实现融冰。

(4)融冰电流受外部气象条件影响大,线路长,气象条件存在差异,此外融冰电流理论计算与实际需要的融冰电流有差距,所以融冰期间,线路运行部门要安排人员监测线路融冰情况,同时监视好地线(含接续处、耐张线夹及 T 形线夹)的发热及地线弧垂的变化,并将有关情况及时向融冰操作组负责人汇报,以便直流融冰操作组根据融冰现场情况及时调整融冰装置的容量、电压、电流。

(5)地线融冰完成,退出直流融冰装置。

(6)线路运行部门接线人员检查地线及复合地线绝缘子(含间隙)情况,确认无异常,合上 29#、178#、328+1#、470#前侧接地刀闸,即地线一端接地;拆除绝缘电缆与导线端的连接,并用绝缘架把绝缘电缆固定在导线横担上,绝缘电缆与地线的连接点不拆除;左右两侧地线并联的连接线不拆除,地线恢复到正常运行状态。

(7)接线人员确认以上操作正确无误,人员下塔后向直流融冰指挥组汇报。

7.3　500kV 青山甲线架空地线融冰实例(OPGW+普通地线)

500kV 青山甲线为交流输电线路,普通地线和 OPGW 地线组合,为了研究地线融冰接线方式对融冰电流、电压、容量的影响,对 500kV 青山甲线全线采用设计地线,通过分析对比各种融冰方案,为尽量减少融冰电流大小,降低融冰电压,青山甲线实际改造过程中,按照方案 3 进行改造,即分两段并联进行融冰。

7.3.1　线路概况

线路从青岩 500kV 变电站出线后,向东南方向走线,在长田附近跨越贵阳—惠水公路,然后沿乡村公路走线,途经上黄、岩头寨、甲烈至摆金后,平行惠水—平塘公路走线,经洞口寨、斗底、虎狼寨进入平塘县西关,经旧司在狮子岩附近跨过曹渡河,又经牙舟、田家寨、老甘寨向左转避开规划的射电望远镜阵,经万独、平塘县城北米寅,在上寨附近跨越 110kV 剑塘线后,进入独山县境内,在原 500kV 清河Ⅰ回线路 IN405 附近接进500kV 独山变电站。线路全长 113.946km。

全线海拔高程为 759~1452m,全线地形划分为:高山大岭 23%、一般山地 73%、丘陵 4%。本工程最大设计风速为 30m/s,最大设计覆冰分为 10mm、20mm 冰区。

7.3.2　冰区划分

冰区划分:91#~109#(5.322km)、231#~250#(6.112km)为 20mm 冰区,其余为10mm 冰区(105.512km)。全线导线均采用 LGJ—400/50 钢芯铝绞线,4 分裂,分裂间距450mm。地线采用 LBGJ—120—40AC 型和 LBGJ—120—27AC 型铝包钢绞线及 GJ—80 型镀锌钢绞线。OPGW 光缆采用 OPGW—1、OPGW—2、OPGW—3 及 OPGW—126 型号。具体冰区划分情况及线路长度如图 7.15 所示。

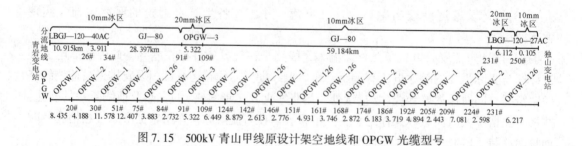

图 7.15　500kV 青山甲线原设计架空地线和 OPGW 光缆型号

7.3.3　地线融冰电流

1. 地线最小融冰电流

500kV 青山甲线地线融冰电流计算值列入表 7.17,其计算条件为:环境温度-5℃,

风速5m/s、冰厚10mm。

表7.17　　　　　　　　　　　　架空地线最小融冰电流　　　　　　　　　　（单位：A）

地线型号	南方电网资料		计算值	
	0.5h 融冰电流	1h 融冰电流	0.5h 融冰电流	1h 融冰电流
GJ—80	125	104	129	107
GJ—100	150	121	154	126
LBGJ—120—40AC			367	302
LBGJ—120—27AC			302	248
OPGW—1			357	292
OPGW—2			282	231
OPGW—126			335	274

注：融冰时间按南方电网公司融冰原则取1小时。

2. 地线最大允许电流

《110kV～750kV架空输电线路设计规范》(GB 50545—2010)中规定验算导线允许载流量时，镀锌钢绞线的允许温度可以采用125℃；铝包钢绞线可以采用80℃，大跨越可以采用100℃。

计算导线的最大允许电流时环境条件为：温度-5℃，风速3～5m/s。地线最大允许电流按冬季平均气温考虑，青山甲线全年平均气温为10℃(10mm冰区和20mm冰区)，计算地线最大允许电流环境温度偏安全取10℃。

地线允许载流量计算方法采用《110kV～750kV架空输电线路设计规范》(GB 50545—2010)中推荐的《电机工程手册》所列公式计算。计算地线最大允许载流量列入表7.18。

表7.18　　　　　　　　　　　　　地线最大载流量　　　　　　　　　　（单位：A）

地线型号	融冰电流/(A)	允许温度/(℃)	环境温度/(℃)	风速/(m/s)					
				0.5	1	1.5	2	2.5	3
GJ—80	107	125	10	185	212	230	245	257	267
GJ—100	126	125	10	216	247	269	286	300	312
LBGJ—120—40AC	301	100	10	453	523	570	607	638	664
LBGJ—120—27AC	247	100	10	372	430	469	499	524	546
OPGW—1	291	90	10	411	475	519	553	581	605
OPGW—2	231	90	10	329	380	416	443	466	486
OPGW—126	273	90	10	386	447	488	520	547	570

注：载流量计算条件：辐射系数0.9，吸收系数0.9，日照强度0.1W/cm²，其余条件见表中。

7.3.4 地线融冰方案选择

1. 地线融冰方案

全线设计分流地线和 OPGW 光缆型号分布情况如图 7.16 所示。

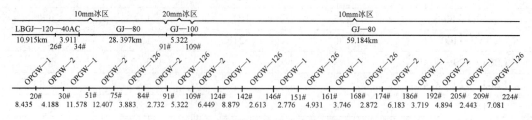

图 7.16 500kV 青山甲线地线融冰全线地线型号组合方案

（1）并联分流地线和 OPGW 光缆通过两相导线形成回路融冰（方案 1）

将分流地线和 OPGW 光缆并联后，通过两相导线形成直流电流回路融冰，如图 7.17 所示。

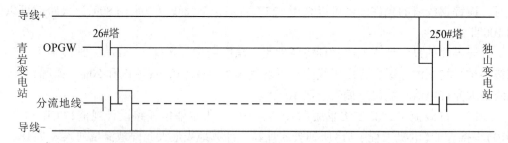

图 7.17 并联分流地线与 OPGW 光缆融冰方案 1 示意图

方案 1 利用直流融冰装置容量大，输出电压不高的特点，将两根地线并联一次完成融冰。

（2）分别对分流地线、OPGW 光缆通过两相导线融冰（方案 2）

分别将地线、OPGW 光缆通过两相导线形成直流电流回路融冰。如图 7.18 所示。

（3）分别并联一次分流地线、OPGW 光缆后通过两相导线形成回路融冰（方案 3）

方案 3 接线方式如图 7.19 所示。

2. 融冰电压计算

为研究地线融冰接线方式对融冰电流、电压、容量的影响，对 500kV 青山甲线 26#~250#段 102.926km，进行融冰电压计算。

500kV 青山甲线导线采用 4×LGJ—400/50 型导线，分流地线采用 GJ—80、GJ—100、LBGJ—120—40AC 和 LBGJ—120—27AC 型号。两端变电站出线段采用铝包钢地线，融冰电流大于镀锌钢绞线，故分别对考虑全线分流地线融冰和不考虑两端铝包钢地线融冰进行

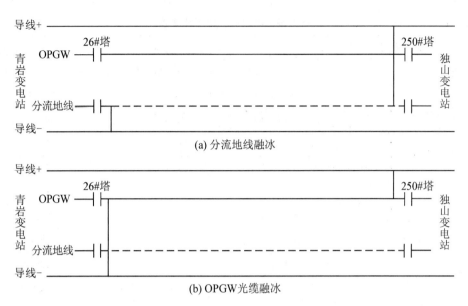

图 7.18 分别对分流地线、OPGW 光缆融冰方案 2 示意图

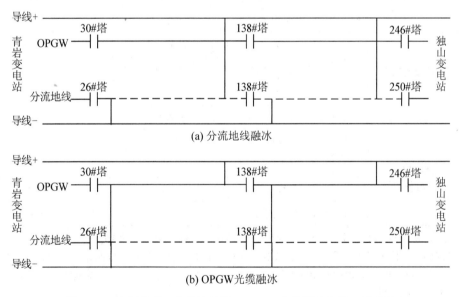

图 7.19 分别并联一次分流地线、OPGW 光缆融冰方案 3 示意图

计算。以全线用得最多的 OPGW-1 融冰电流 292A 为最大，以该电流进行计算，各融冰方案的融冰装置的电流、电压、容量和通过地线或 OPGW 光缆最大电流列入表 7.19。

3. 融冰方案分析

分析表 7.19 中各地线融冰接线方案融冰电流、电压及容量计算结果，可以得到以下结论：

表 7.19 　　　　　　　　　　　　　各方案融冰电流、电压及容量

地线融冰接线方案		融冰电流、电压及容量		对全线分流地线或 OPGW 光缆融冰	不考虑对两端变电站进出线段铝包钢地线融冰
方案 1	同时对分流地线和 OPGW 光缆融冰	融冰装置	电流/(A)	1645.2	696.3
			电压/(kV)	71.49	30.35
			容量/(MW)	117.62	21.13
		通过 OPGW 光缆电流/(A)		1343.2	570.3
方案 2	对分流地线融冰	融冰装置	电流/(A)	302	126
			电压/(kV)	68.99	28.78
			容量/(MW)	20.83	3.63
		通过分流地线电流/(A)		302	126
	对 OPGW 光缆融冰	融冰装置	电流/(A)	292	292
			电压/(kV)	15.42	15.42
			容量/(MW)	4.503	4.503
		通过 OPGW 光缆电流/(A)		292	292
方案 3	对分流地线融冰	融冰装置	电流/(A)	631.16	263.33
			电压/(kV)	36.55	15.25
			容量/(MW)	23.06	4.015
		通过分流地线电流/(A)		329.16	137.33
	对 OPGW 光缆融冰	融冰装置	电流/(A)	633.62	633.62
			电压/(kV)	8.89	8.89
			容量/(MW)	5.64	5.64
		通过 OPGW 光缆电流/(A)		341.62	341.62

注：1. 计算条件：环境温度-5℃，风速 5m/s，冰厚 10mm，融冰时间 1h。

2. 地线融冰接线方案 1 为并联分流地线和 OPGW 光缆通过两相导线形成回路融冰方案，方案 2 为分别对分流地线、OPGW 光缆通过两相导线融冰方案，方案 3 为分别并联一次分流地线、OPGW 光缆后通过两相导线形成回路融冰方案。

(1)方案 1 由于分流地线和 OPGW 光缆电阻相差较大，并联两线融冰后，当刚满足分流地线融冰电流时，通过 OPGW 电流高达 570.3~1343.2A，超过了 OPGW 光缆最大载流量，故方案 1 不成立。

(2)方案 2 若考虑对全线分流地线融冰，对分流地线融冰时，通过分流地线电流达 302A，超过 GJ—80、GJ—100 的最大载流量，方案 2 不能用于全线分流地线融冰。但方案 2 若不考虑两端变电站进线段铝包钢地线融冰，能满足地线最大载流量。融冰电压

28.78kV,若能满足地线绝缘子污闪耐压和冰闪耐压,方案可以成立。方案2用于OPGW光缆融冰,融冰电压15.42kV,通过OPGW光缆电流292A,方案成立。

(3)方案3若考虑对全线分流地线融冰,通过分流地线电流达329.16A,超过GJ—80、GJ—100的地线最大允许载流量,方案不成立。但方案3若不考虑两端变电站进出线段铝包钢地线融冰,融冰电压15.25kV,电流137.33A,方案成立。方案3对OPGW光缆融冰电压8.89kV,通过OPGW光缆电流341.62A,当风速大于1m/s时,能满足OPGW光缆最大载流量的要求,方案成立。

综合上述,若考虑对全线分流地线融冰则所有方案都不能成立,只能不考虑对两端变电站进线的融冰方案2或方案3,其中方案2电压较高,达28.78kV,方案3电压15.25kV,电压低,故推荐方案3。对OPGW光缆融冰,可以采用方案2和方案3。考虑分流地线和OPGW光缆,接线方便,推荐采用方案3。推荐方案的融冰电压还要校核地线绝缘子(包括间隙)的污闪耐压和冰闪耐压。OPGW光缆通过的融冰电流需校核其热稳定性。

还必须说明,500kV青山甲线青岩变电站出线段采用LBGJ—120—40AC地线,因海拔低,抗住了2008年严重覆冰,独山变电站π接段采用LBGJ—120—27AC地线,设计上考虑了2008年覆冰条件,按20mm覆冰设计,故对这两段铝包钢地线不融冰是可行的。

7.3.5　地线绝缘选择

1. 地线绝缘子选择

为了实现地线融冰,需对全线地线绝缘子进行改造,采用南京电气集团公司生产的100kN RCRE—100C—2A(B)型和RCRE—100CN—2A型地线复合绝缘子。如图7.3、图7.4所示。其参数如表7.4所示。

经过重庆大学负极性直流耐压试验和国家电网电科院直流人工污秽试验研究,建议全线复合地线绝缘子间隙距离暂按40mm考虑,待经运行检验后,再作调整。

2. 地线、OPGW绝缘子串型

根据《110kV~750kV架空输电线路设计规范》(GB 50545—2010)中的规定:"地线绝缘时宜使用双联绝缘子串",绝缘地线悬垂串、耐张串,OPGW悬垂串、耐张串如图7.5、图7.6所示。地线绝缘子串组合型式如表7.20所示。

表7.20　　　　　　　　　　　地线绝缘子串组合型式表

序号	新设计串型代号	适用塔型	对应原设计串型	
			代号	串长/(m)
1	DSX1A	直线塔(GJ—80)	DSX1	0.602
2	DSX4A	直线小转角塔(GJ—80)	DSX4	0.722
3	DN1A	耐张塔(GJ—80)	DN1	1.235
4	DSX3A	直线塔(LBGJ—120—40AC)	DSX3	0.423
5	DN3A	耐张塔(LBGJ—120—40AC)	DN3	0.80

续表

序号	新设计串型代号	适用塔型	对应原设计串型	
			代号	串长/(m)
6	ZBX1A	直线塔(LBGJ—120—27AC)	ZSBX1	0.535
7	ZBN1A	耐张塔(LBGJ—120—27AC)	ZBN1	0.920
8	DSX21A	直线塔(GJ—100)		
9	DN21A	耐张塔(GJ—100)		

注: 1. 串长仅供参考, 一律以实际串长为准。
    2. DSX21A、DN21A 为新增串型。

3. 地线绝缘跳线

普通线路的架空地线在耐张塔两侧都是开断连接在耐张塔上, 无法形成电流通道。为形成电流通道, 需将耐张塔前后两侧的架空地线加装跳线, 同时安装支柱绝缘子, 以保证地线与铁塔之间具有足够的绝缘间隙。地线宜通过塔顶设置支柱绝缘子向上跳, 如图 7.7 所示。

对于绝缘的耐张串, 若没有采用引流线夹, 可以采用 T 形线夹引流跳线, 如图 7.8 所示。

4. OPGW 绝缘引下线夹、余缆架

接续点铁塔上的光缆需引到地面后进行接头。光缆引下时, 采用绝缘引下线夹, 将光缆固定在铁塔主材或斜材上面, 如图 7.20 所示。

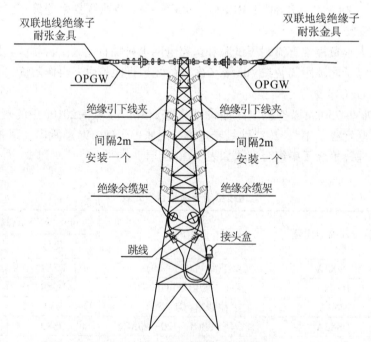

图 7.20 中间接续盒安装示意图

绝缘引下线夹如图7.21所示，从地线支架开始往下每隔1.5~2m安装一个，光缆引下线应挺直、美观。绝缘余缆架如图7.22所示，安装在铁塔主材或斜材的合适位置，距铁塔基础面10~15m，安装要牢靠且保持全线统一。

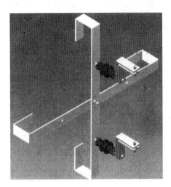

图7.21　绝缘引下线夹　　　　　　图7.22　绝缘余缆架

5. 绝缘间隙的选择

通过分析按照方案3改造后的地线融冰所需融冰电压和融冰电流大小，结合地线绝缘子污耐压和覆冰耐压试验数据分析可知，当间隙在40mm以上时，其污耐压和覆冰耐压能较好地保证融冰进行；同时国家电网电科院对地线绝缘子间隙与防雷效果进行了分析，得出防雷间隙在40~100mm，线路全绝缘时对地线防雷无明显影响，为确保在实际应用中绝缘配合最合理，在实际工程改造过程中，青山甲线地线绝缘子防雷间隙全部按照40mm配置。

7.3.6　线路实际改造

1. 地线分段情况

通过分析对比青山甲线架空地线融冰各种融冰方案，为尽量减少融冰电流大小，降低融冰电压，青山甲线实际改造过程中，按照方案3进行改造，即分两段并联进行融冰。针对普通地线，对26#~250#塔进行绝缘改造，分别在138#塔处进行分段。针对OPGW光缆，由于分段点必须选择具有接续盒的塔位，因此其绝缘分段点分别为30#、138#以及246#塔。具体分段如图7.23所示。

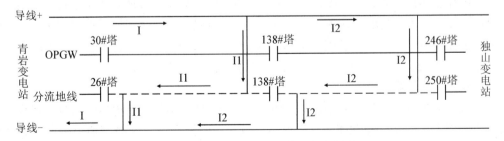

图7.23　地线分段图及融冰电流走向图

2. 端点接地方式

通过对青山甲线 26#~250#塔地线进行绝缘改造，为降低其感应电压大小，在实际工程应用中，将每段地线进行了端点接地。在融冰期间，分别断开各段地线接地刀闸，使地线全线绝缘；在防雷季节，合上 K_1、K_2 接地刀闸，使地线端点接地，保证线路防雷效果。如图 7.24 所示。

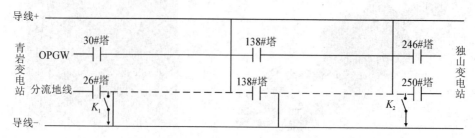

图 7.24　地线端点接地分段图

对青山甲线 30#~246#塔 OPGW 进行绝缘改造，由于改造过程中，OPGW 需从塔身外侧 C、D 腿引下，在登塔作业时，人员易接触到 OPGW，如果感应电压较高，会严重影响安全性，因此 OPGW 端点接地方式采用每一段 OPGW 小号侧均装设接地刀闸。如图 7.25 所示。

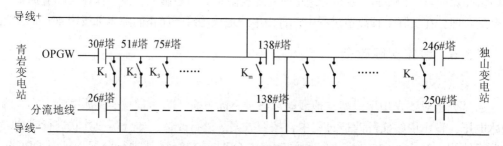

图 7.25　OPGW 端点接地分段图

3. 感应电压的测量

在地线绝缘改造完成后，为论证理论计算感应电压大小，在线路正常运行时，线路端点接地情况下，对地线另一端感应电压的大小进行测量，由于在实际融冰过程中，青山甲线分流地线和 OPGW 光缆分别进行融冰，各分两段，每一段长度基本相同，因此在测量其感应电压时，选取了一段进行测量，具体测量数据如表 7.21 所示。

4. 融冰装置的选择

青山甲线地线融冰装置主要通过独山变电站融冰装置增加稳流电抗器的方式实现，初次融冰时按照表 7.22 选择融冰装置的容量、电压、电流和各段地线上通过的电流，待取得运行经验后再对融冰装置的容量、电压、电流和各段地线上通过的电流进行调整。

表7.21　青山甲线地线及OPGW感应电压测量情况

测量点	测量时间	接地刀闸情况	测量数据/(kV)	区段	理论值/(kV)	备注
138#	2011年12月12日	26#、250#塔接地刀闸合上	270 735	26#~138# 138#~250#	1770	地线
	2011年12月12日	30#、246#塔接地刀闸合上	475 930	30#~138# 138#~246#	1770	OPGW

表7.22　青山甲线融冰参数

地线融冰接线方案		融 冰 装 置		融 冰 参 数	
方案3	融分流地线	融冰装置	电流/(A)	254.26	
			电压/(kV)	14.71	
			容量/(MW)	3.73	
		通过分流地线电流/(A)		26#~138#	127.76
				138#~250#	126
	融OPGW光缆	融冰装置	电流/(A)	610.34	
			电压/(kV)	8.62	
			容量/(MW)	5.27	
		通过OPGW光缆电流/(A)		30#~138#	292
				138#~246#	318.34

7.3.7　现场运行

1. 地线融冰的启动试验

根据实施进度,超高压输电公司在2011年12月25日、26日分别完成了青山甲线地线和OPGW绝缘改造及地线(OPGW)融冰启动试验工作。启动情况如表7.23所示。

表7.23　青山甲线地线及OPGW启动调试情况

序号	线路名称	启动日期	启动电流	启动电压	持续时间	现场温升
1	青山甲线(地线)	12月25日	300A	21.6kV	15min	3℃
2	青山甲线(光缆)	12月26日	330A	23.2kV	15min	4℃

2. 地线融冰的基本操作

(1)线路运行部门根据直流融冰指挥组的安排,融冰线路停运后,配合进行融冰方式接线。

1)检查确认 26#、138#、146#、250#塔地线和 OPGW 光缆的跳线是断开的(26#和 250#为对 OPGW 光缆融冰情况)。

2)分别融地线和 OPGW 光缆(融冰时先对地线融冰,再对 OPGW 光缆融冰)。

①对地线融冰。将 26#~138#、138#~250#两段地线(左侧)分别通过连接线并联在拟定的正、负极导线上(设定 C 相导线为正极导线,B 相导线为负极导线。接在 4 根子导线上。),即将 138#塔和 250#塔后侧地线通过连接线接在拟定的正极导线上,将 138#塔和 26#塔前侧地线通过连接线接在拟定的负极导线上。

打开 26#塔前侧和 250#塔后侧地线上的接地刀闸(或拆除接地线),即断开接地线,使地线与地绝缘。

接线人员确认以上操作正确无误,人员下塔后向直流融冰指挥组汇报。

直流融冰操作组将独山变电站融冰装置的正、负极接在相应导线上(设定 C 相导线为正极导线,B 相导线为负极导线)。

融冰装置逐渐输出融冰电压、电流,并监控各地线上通过的融冰电流,实现融冰。

融冰电流受外部气象条件影响大,线路长,气象条件存在差异,此外融冰电流理论计算与实际需要的融冰电流有差距,所以融冰期间,线路运行部门要安排人员监测线路融冰情况,同时监视好地线(含接续处、耐张线夹及 T 形线夹)的发热及地线弧垂的变化,并将有关情况及时向融冰操作组负责人汇报,以便直流融冰操作组根据融冰现场情况及时调整融冰装置的容量、电压、电流。

地线融冰完成后,退出地线直流融冰装置并拆除连接线;拆除 138#塔和 250#塔后侧地线与正极导线连接线;拆除 138#塔和 26#塔前侧与负极导线连接线,并用绝缘架把绝缘电缆固定在导线横担上,绝缘电缆与地线的连接点不拆除。

线路运行部门接线人员检查地线及地线复合绝缘子(含间隙)情况,确认无异常后,合上 26#塔前侧和 250#塔后侧地线上接地刀闸(或接上接地线),地线恢复到 26#~138#、138#~250#各段地线绝缘,在一侧接地的正常运行状态。

接线人员确认以上操作正确无误,人员下塔后向直流融冰指挥组汇报。

②对 OPGW 光缆融冰。将 26#~146#、146#~250#两段 OPGW 光缆(右侧)分别通过连接线并联在拟定的正、负极导线上(设定 C 相导线为正极导线,B 相导线为负极导线。接在 4 根子导线上。),即将 146#塔和 250#塔后侧 OPGW 光缆通过连接线接在拟定的正极导线上,将 146#塔和 26#塔前侧 OPGW 光缆通过连接线接在拟定的负极导线上。

打开 26#塔前侧和 250#后侧 OPGW 光缆上的接地刀闸(或拆除接地线),即断开接地线,使 OPGW 光缆与地绝缘。

接线人员确认以上操作正确无误,人员下塔后向直流融冰指挥组汇报。

直流融冰操作组将独山变电站融冰装置的正、负极接在相应导线上(设定 C 相导线为正极导线,B 相导线为负极导线)。

融冰装置逐渐输出融冰电压、电流,并监控各地线上通过的融冰电流,实现融冰。

融冰电流受外部气象条件影响大,线路长,气象条件存在差异,此外融冰电流理论计算与实际需要的融冰电流有差距,所以融冰期间,线路运行部门要安排人员监测线路融冰情况，同时监视好 OPGW 光缆(含接续处、耐张线夹及 T 形线夹)的发热及地线弧垂的变化，并将有关情况及时向融冰操作组负责人汇报，以便直流融冰操作组根据融冰现场情况及时调整融冰装置的容量、电压、电流。

OPGW 光缆融冰完成，退出地线直流融冰装置并拆除连接线；拆除 146#塔和 250#塔后侧 OPGW 光缆与正极导线连接线；拆除 146#塔和 26#塔前侧与负极导线连接线，并用绝缘架把绝缘电缆固定在导线横担上，绝缘电缆与 OPGW 光缆的连接点不拆除。

线路运行部门接线人员检查 OPGW 光缆及地线复合绝缘子(含间隙)情况，确认无异常后，合上 26#前侧和 250#后侧 OPGW 光缆上的接地刀闸(或接上接地线)，恢复 26#~146#、146#~250#各段 OPGW 光缆绝缘，在一侧接地的正常运行状态。

接线人员确认以上操作正确无误，人员下塔后向直流融冰指挥组汇报。

3. 青山甲线地线直流融冰运行结果

地点：500kV 独山变电站，直流融冰装置厂家：荣信，容量：1000MW。

时间：2011 年 12 月 26 日。

融冰线路：500kV 青山甲线地线。

(1)停电操作：15 时 28 分至 15 时 54 分，青山甲线转检修。

(2)送电操作：19 时 49 分至 21 时 26 分，青山甲线带电。

总共用时 5 小时 58 分，其中调度操作时间 135 分钟，地线接线时间 140 分钟，融冰时间 30 分钟，短接线及拆线时间 181 分钟。

融冰电流 300A，线路覆冰 19mm。经过持续 42 分钟的直流融冰后，500kV 青山甲线地线覆冰全部融化，融冰效果明显。融冰现场照片如图 7.26 所示。

  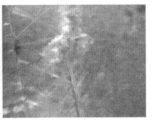

(a) 融冰前　　　　　　　(b) 融冰时　　　　　　　(c) 融冰后

图 7.26　融冰现场照片

7.4　±500kV 溪洛渡右岸电站送电广东地线融冰实例 (OPGW+普通地线)

±500kV 溪洛渡右岸电站送电广东线路为同塔双回直流输电线路，普通地线和 OPGW 地线组合。由于融冰段线路长，冰区分布复杂，根据各区段具体覆冰情况，融冰接线可以采用"分段并联融冰"方式及单回路侧采用"迂回串联"方式进行融冰。融冰方案可以采用

A1、A2 两种方案，两种方案均满足要求，前者融冰电流小，融冰电压低，融冰次数多，后者融冰电流大，融冰电压高，融冰次数少。初步推荐前者融冰方案，取得经验后，为减少维护工作量，再过渡到后者融冰方案。

7.4.1　线路概况

溪洛渡右岸电站送电广东±500kV 同塔双回直流输电工程线路，起于昭通换流站构架，止于从化换流站构架，线路全长 1221.552km（折算成同塔双回路长度）。10mm、15mm 冰区按同塔双回线路架设，其余 20mm、30mm 重冰区按两个单回路架设，20mm 冰区通道走廊拥挤段采用同塔双回路架设（N2049～N2059、N5100～N5116、N6072～N6079、N8009～N8030，共约 18.516km）。

7.4.2　冰区划分

地线融冰工程线路段西起云南昭通换流站，东至广西桂林（17 标与 18 标接头点），途经云南、贵州、广西 3 省。

融冰工程全线划分为 10mm、15mm、20mm、30mm 四个冰区。10mm 冰区同塔双回长 214.079km；15mm 冰区同塔双回长 343.032km；20mm 冰区同塔双回长 18.516km，单回长 2×169.222km；30mm 冰区单回长 2×56.042km。

融冰工程线路同塔双回路段全长约 577km，单回路段长 2×225km，线路全长约 802km。地线主要功能是防雷，同时可以根据系统要求，将其中一根或两根地线采用 OPGW 光缆，兼作为通信传输。溪广±500kV 直流线路昭通换流站至与福青线接头点约 400km 一侧架设一根 OPGW，另侧架设一根普通地线，其余段均架设两根普通地线。

普通地线选型如下：

10mm、15mm 冰区：LBGJ—100—20AC 铝包钢绞线；

20mm 冰区：LBGJ—120—20AC 铝包钢绞线；

30mm 冰区：LBGJ—240—20AC 铝包钢绞线。

OPGW 选型如下：

10mm 冰区：OPGW—120A；

15mm 冰区：OPGW—120B；

20mm 冰区：OPGW—140；

30mm 冰区：OPGW—240。

7.4.3　地线融冰电流

1. 地线最小融冰电流

溪广±500kV 直流线路地线融冰地线采用原型号，不进行更换。地线逐塔可靠接地，原地线未进行换位。电流计算值列入表 7.24，其计算条件为：环境温度−5℃，风速 5m/s、地线冰厚 10～15mm。

表 7.24 架空地线最小融冰电流 （单位：A）

地线型号	1 小时融冰电流/（A）	
	10mm 覆冰	15mm 覆冰
GJ—100	126	139
GJ—120	147	162
GJ—240	228	253
LBGJ—100—20AC	189	208
LBGJ—120—20AC	214	236
LBGJ—240—20AC	340	378
OPGW—120A	198	218
OPGW—120B	208	229
OPGW—140	246	272
OPGW—140A	295	326
OPGW—140B	211	233
OPGW—240	313	348

注：本计算值融冰时间按南方电网融冰原则取 1 小时。

2. 地线最大允许电流

融冰时间短(一般取 1h)，尚无允许温度的规定，参照南方电网公司导线允许的温度取的大跨越的允许温度，因此镀锌钢绞线地线取 125℃，铝包钢绞线地线取 100℃，OPGW 选取不超过 90℃。

地线允许载流量计算方法采用《110kV～750kV 架空输电线路设计规范》（GB 50545—2010）中推荐的《电机工程手册》所列公式计算。计算地线最大允许载流量列入表 7.25。

表 7.25 地线最大载流量 （单位：A）

地线型号	10mm 融冰电流 /（A）	15mm 融冰电流 /（A）	允许温度 /（℃）	环境温度 /（℃）	风速/（m/s）					
					0.5	1	1.5	2	2.5	3
GJ—100	126	139	125	10	216	247	269	286	300	312
GJ—120	147	162	125	10	249	285	309	329	345	358
GJ—240	228	253	125	10	379	431	468	496	520	540
LBGJ—100—20AC	189	208	100	10	287	332	362	386	405	422
LBGJ—120—20AC	214	236	100	10	323	373	406	433	455	473
LBGJ—240—20AC	340	378	100	10	500	575	626	666	699	727
OPGW—120A	198	218	90	10	282	327	357	380	400	417
OPGW—120B	208	229	90	10	295	342	374	398	419	436

续表

地线型号	10mm 融冰电流 /(A)	15mm 融冰电流 /(A)	允许温度 /(℃)	环境温度 /(℃)	风速/(m/s)					
					0.5	1	1.5	2	2.5	3
OPGW—140	246	272	90	10	348	404	441	470	494	515
OPGW—140A	295	326	90	10	417	483	527	562	591	615
OPGW—140B	211	233	90	10	299	346	378	403	424	441
OPGW—240	313	348	90	10	432	499	544	580	609	634

注：载流量计算条件：辐射系数 0.9，吸收系数 0.9，日照强度 $0.1W/cm^2$，其余条件见表中。

7.4.4　地线融冰方案

由于 30mm 冰区地线及 OPGW 直流电阻小，融冰电流大，若以满足 30mm 冰区地线融冰电流为设计融冰电流，将超过轻、中冰区地线最大允许载流量。若融冰电流以满足轻、中冰区地线最大允许载流量为控制条件，则 30mm 冰区融冰冰厚选取过低，又将频繁启动融冰。考虑到 30mm 冰区抗冰能力大，过载能力强，2008 年南方电网按 30mm 冰区设计线路几乎没有发生故障，故建议地线融冰方案主要针对 10mm、15mm、20mm（融冰厚度不超过 15mm）冰区地线融冰考虑。如果运行中出现极为罕见灾害性气候，对 30mm 冰区安全运行造成威胁时，再对相应 30mm 冰区进行单独地线融冰，或采取其他抗冰加强措施。

1. 并联融冰方案

由于融冰段线路长度长，冰区分布复杂，需要根据各区段具体覆冰情况，进行分段并联融冰。并联多次融冰方案如图 7.27 所示。

2. 迂回串联方案

对于地线单回路侧的融冰，采用"迂回串联"方案进行融冰：即在分支塔单回路侧采用 3 根普通地线串联、OPGW 单独融冰方式进行融冰，如图 7.28 所示。

7.4.5　地线融冰电压计算

目前，一般 500kV 线路的地线采用逐塔接地，或分段绝缘一点接地的方式，绝缘间隙取 20mm 左右，运行表明，这样的地线运行方式满足地线的防雷要求。溪广±500kV 直流线路架空地线原设计是逐塔接地的。

地线融冰关键要尽量减小地线融冰电压，并与地线绝缘子(间隙)绝缘水平配合，以实现地线绝缘。同时在雷击时，地线的绝缘间隙在雷电先驱放电阶段即被击穿而使地线呈接地状态，因而不影响其防雷功能。在导线发生单相接地故障时，地线间隙被击穿，起到分流的作用。此外，地线的种类对融冰电流、电压影响较大。

为研究地线融冰接线方式对融冰电流、电压、容量的影响，对溪广±500kV 直流线路昭通换流站至 17 标与 18 标接头塔位 509#约 802km，进行融冰电压计算。

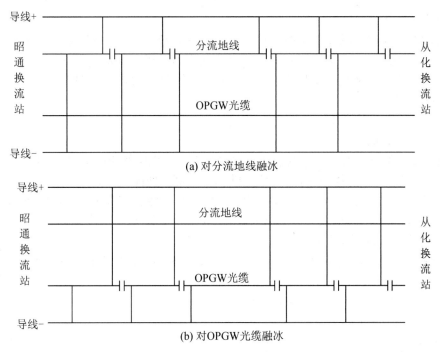

(a) 对分流地线融冰

(b) 对OPGW光缆融冰

图 7.27　并联多次融冰示意图

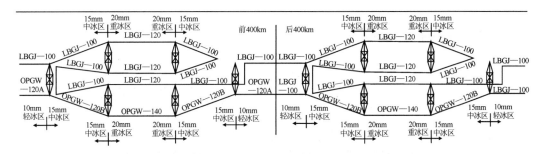

图 7.28　迂回串联方案示意图

1. A1 方案

A1 方案融冰电压±15kV 以内。

(1)OPGW 侧融冰

按照 A1 方案进行融冰，全线 OPGW 共 394.7km，电阻约 260Ω，按电阻共分为 4 段，4 段并联一次融冰，每段电阻约为 65Ω。则 OPGW 侧需融冰 1 次。

经计算，OPGW 段：融冰装置输出电压 23.2kV，电流 1.27kA，容量 29.5MW。

后段 400km 为普通地线，共 330Ω，分为 6 段，3 段并联一次融冰，每段电阻约为 55Ω。则普通地线侧需融冰 2 次。

经计算，后段 400km 普通地线：融冰装置输出电压 23.4kV，电流 0.82kA，容量 19MW。

综上，融冰装置输出电压 23.2kV，电流 1.27kA，容量 29.5MW。

（2）普通地线侧融冰

按照 A1 方案进行融冰，全线普通地线共 923.4 Ω，共分为 12 段，每段约为 77 Ω，每 3 段并联一次融冰。则普通地线侧需进行 4 次融冰，每次并联 3 段融冰。

经计算，融冰装置输出电压 28.71kV，电流 0.79kA，容量 22.7MW。

2. A2 方案

A2 方案融冰电压±20kV 以内。

（1）OPGW 侧融冰

按照 A2 方案进行融冰，全线 OPGW 共 394.7km，电阻约 260Ω，按电阻共分为 4 段，4 段并联一次融冰，每段电阻约为 65Ω。则 OPGW 侧需融冰 1 次。

经计算，OPGW 段：融冰装置输出电压 23.2kV，电流 1.27kA，容量 29.5MW。

后段 400km 为普通地线，共 330Ω，分为 4 段，4 段并联一次融冰，每段电阻约为 82Ω。则普通地线侧需融冰 1 次。

经计算，后段 400km 普通地线：融冰装置输出电压 34kV，电流 1.04kA，容量 35.4MW。

综上，融冰装置输出电压 34kV，电流 1.27kA，容量 43.2MW。

（2）普通地线侧融冰

按照 A2 方案进行融冰，全线普通地线共约 923.4Ω，共分为 12 段，每段约为 77Ω，每 4 段并联一次融冰。则普通地线侧需进行 3 次融冰，每次并联 4 段融冰。

经计算，融冰装置输出电压 32.8kV，电流 1.04kA，容量 34.2MW。

3. 方案比较

以上计算值列于表 7.26 所示。

表 7.26　　　　　　　　　　　　方案比较表

方案	A1 方案		A2 方案	
	OPGW 侧	普通地线侧	OPGW 侧	普通地线侧
换线	不需要换线		不需要换线	
改造铁塔	分支耐张塔增加挂点铁塔改造量小		分支耐张塔增加挂点铁塔改造量小	
融冰装置 电压/（kV）	23.2	28.71	34	32.8
融冰装置 电流/（kA）	1.27	0.79	1.27	1.04
融冰装置 容量/（MW）	29.5	22.7	43.2	34.2
融冰次数 及并联情况	前 400km：融冰 1 次，每次并联 4 段融冰。后 400km：融冰 2 次，每次并联 3 段融冰。	融冰 4 次，每次并联 3 段融冰。	前 400km：融冰 1 次，每次并联 4 段融冰。后 400km：融冰 1 次，每次并联 4 段融冰。	融冰 3 次，每次并联 4 段融冰。

注：1. 计算条件：环境温度-5℃，风速 5m/s，冰厚 10~15mm，融冰时间 1h。

2. 上表中，融冰次数及并联情况是针对全线地线融冰，实际运行时可以根据不同区域的覆冰情况，对实际需要融冰区段进行融冰。

因变电站设置的地线融冰装置容量达到 60MW，均满足 A1、A2 的融冰方案要求，前者融冰电流小，融冰电压低，融冰次数多，后者融冰电流大，融冰电压高，融冰次数少。初步推荐采用融冰方案 A1，取得经验后，为减少维护工作量，再过渡到 A2 方案。

7.4.6 地线绝缘配置

1. 地线绝缘子

地线复合绝缘子为棒形直流复合绝缘子，其中，10mm、15mm、20mm 冰区统一采用 100kN 地线绝缘子，如图 7.29 所示。30mm 冰区采用 160kN 地线绝缘子，如图 7.30 所示。

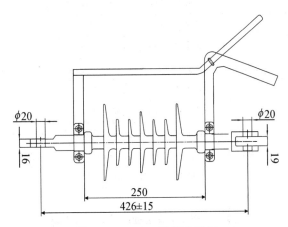

图 7.29　100kN 地线绝缘子

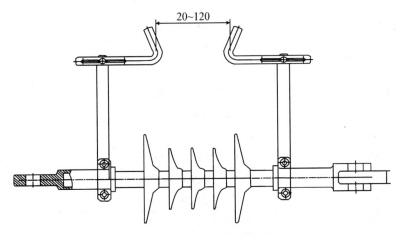

图 7.30　160kN 地线绝缘子

2. 地线绝缘子串型

根据《110kV~750kV 架空输电线路设计规范》（GB 50545—2010）中规定："地线绝缘时宜使用双联绝缘子串"。地线要实现融冰，必须将全线地线绝缘起来，地线悬垂串及耐张串均要加装绝缘子，地线金具串长度较原设计增加。

本工程普通地线共使用悬垂串 4 种，耐张串 6 种，跳线串 2 种，列于表 7.27。OPGW 共使用悬垂串 7 种，耐张串 7 种，跳线串 2 种，列于表 7.28。

表 7.27　　　　　　　　　　各冰区普通地线串型强度及联塔金具表

序号	串型	使 用 条 件	联塔金具型式
1	DX11G	直线塔（LBGJ—100—20AC）	EB—16
2	DX12G	直线塔转角塔（LBGJ—100—20AC）	EB—16
3	DX21G	直线塔（LBGJ—120—20AC）	EB—21
4	DX31G	直线塔（LBGJ—240—20AC）	EB—25
5	DN1G	耐张塔（LBGJ—100—20AC）	GD—16S
6	DN2G	耐张塔（LBGJ—120—20AC）	GD—21S
7	DN2GB	耐张塔（档中 LBGJ—120—20AC/跳线 LBGJ—100—20AC）	GD—21S
8	DN2AG	耐张塔（LBGJ—120—20AC）	GD—32/21S
9	DN3G	耐张塔（LBGJ—240—20AC）	GD—32
10	DN3GB	耐张塔（档中 LBGJ—240—20AC/跳线 LBGJ—120—20AC）	GD—32
11	DTX1	耐张塔（LBGJ—100—20AC、LBGJ—120—20AC）	UT—1880
12	DTX2	耐张塔（LBGJ—240—20AC）	UT—1880

表 7.28　　　　　　　　　　各冰区 OPGW 串型强度及联塔金具表

序号	串型	使 用 条 件	联塔金具型式
1	OSX11G	直线塔（OPGW—120A）	EB—16
2	OSX12G	直线塔（OPGW—120A）	EB—16
3	OSX51G	直线塔（OPGW—120B）	EB—16
4	OSX52G	直线塔转角塔（OPGW—120A）	EB—16
5	OSX53G	直线塔（OPGW—120B）	EB—16
6	OSX21G	直线塔（OPGW—140）	EB—21
7	OSX31G	直线塔（OPGW—240）	EB—25
8	ON1G	耐张塔（OPGW—120A）	GD—16S
9	ON5G	耐张塔（OPGW—120B）	GD—16S
10	ON5AG	耐张塔（OPGW—120B）	U—12
11	ON51G	耐张塔（OPGW—120B）	GD—25
12	ON2G	耐张塔（OPGW—140）	GD—21S
13	ON2AG	耐张塔（OPGW—140）	GD—32/21S
14	ON3G	耐张塔（OPGW—240）	GD—32
15	OTX1	耐张塔（OPGW—120A、OPGW—120B、OPGW—140）	UT—1880
16	OTX2	耐张塔（OPGW—240）	UT—1880

普通地线悬垂串、耐张串如图 7.31、图 7.32 所示。OPGW 悬垂串、耐张串如图 7.33、图 7.34 所示。

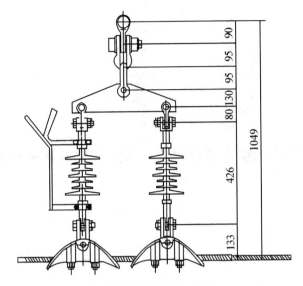

图 7.31 普通地线悬垂串(单位：mm)

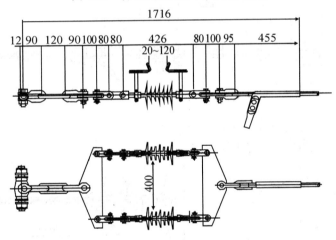

图 7.32 普通地线耐张串(单位：mm)

3. 地线绝缘子间隙距离配置

本工程悬垂绝缘子、耐张绝缘子间隙为可调式，调整范围为 20~120mm，根据初设评审及施工图评审意见，10mm、15mm 冰区地线悬垂绝缘子间隙按 60mm 考虑，耐张绝缘子按 80mm 考虑，20mm、30mm 重冰区地线悬垂绝缘子、耐张绝缘子间隙均按 100mm 考虑，同时根据沿线电压分布，各融冰区段两端各约 20%范围内的绝缘子间隙取值适当提高(提高 10mm)，间隙水平布置。将来可以根据防冰、防雷等运行效果进行优化调整。

具体间隙配置如下：

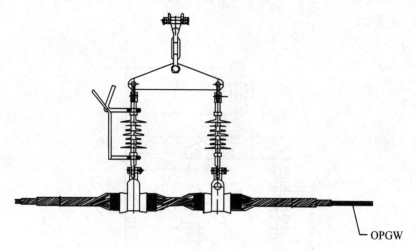

图 7.33　OPGW 悬垂串

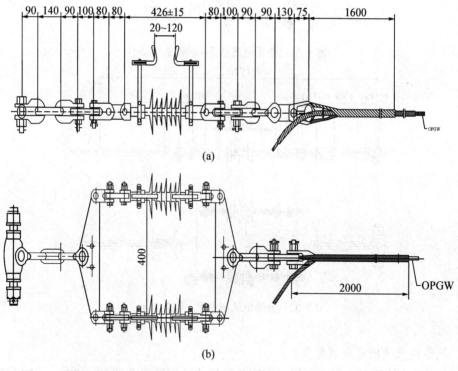

图 7.34　OPGW 耐张串(单位：mm)

（1）每个融冰段中间约 60% 的铁塔

10mm、15mm 冰区悬垂绝缘子串间隙距离取 60mm，耐张绝缘子串间隙取 80mm；20mm、30mm 冰区悬垂绝缘子串和耐张绝缘子串统一取 100mm。

（2）每个融冰段两端约 20% 的铁塔（间隙各增加 10mm）

10mm、15mm 冰区悬垂绝缘子串间隙距离取 70mm，耐张绝缘子串间隙取 90mm；20mm、30mm 冰区悬垂绝缘子串和耐张绝缘子串统一取 110mm。

4. 地线融冰接地刀闸配置

本工程为实现地线分段融冰，运行人员需上塔操作，在每个融冰分段点均安装融冰接地刀闸。融冰接地刀闸安装在每个融冰点杆塔地线支架上顶面角钢之上，由支柱绝缘子、拉杆(铝合金材料，厚度 14~15mm)、扁铁、表面热镀紧固螺栓等部件组成。

(1)普通地线与融冰接地刀闸的连接

本工程普通地线在融冰分段处均安装融冰接地刀闸。普通地线与融冰接地刀闸连接共 2 种，接地刀闸型号分别为 JDDZ-A、JDDZ-B。

(2)OPGW 与融冰接地刀闸的连接

为减小 OPGW 感应电压和运维人员上塔操作安全，本工程 OPGW 在融冰分段处及 OPGW 分盘处均安装融冰接地刀闸。OPGW 与接地刀闸连接共 3 种，接地刀闸型号分别为 JDDZ-A、JDDZ-B、JDDZ-C。

5. 地线融冰操作装置

为满足地线融冰操作的要求，还需配置融冰操作装置(相导线、地线临时搭接线)，主要包括 35kV 交联聚乙烯电缆和配套的操作杆、合流线夹。合流线夹型号为 4×900。

7.4.7 融冰改造铁塔部分

1. 地线支架改造措施

融冰方案不需要对地线支架高度及横担宽度进行改造，只是为实现推荐的融冰方案，耐张塔上要加装地线跳线串，同时为方便施工和运行，在分段融冰接线塔上设置防坠落装置。

分支塔 SJ152、SJ202 需对地线挂点进行改造，将分支侧一根地线移至铁塔中部，其中 SJ152 需在塔身顶部隔面增加地线挂点，SJ202 需增加一段塔身以便布置新增的地线挂点，如图 7.35 所示。

部分塔型地线支架挂线角钢上需增加跳线挂孔，地线挂孔分为单挂点和双挂点，具体按电气明细表采用。

2. 跳线和引下线绝缘改造措施

(1)本工程地线跳线均向下跳，对于需要加装跳线串的，采用 U 形螺丝 UJ—1880 挂在塔上，需在塔上新打 $\phi20.0$mm 螺栓孔，加装 1 串跳线串需要打 2 个孔，打孔以后应进行防腐处理。

(2)对于分支塔和 OPGW 开断塔，需加装引流线，引流线通过带 S 形线夹的支柱绝缘子与铁塔相连接，这种支柱绝缘子不需要铁塔打孔。

7.4.8 运行及操作

1. 运行注意事项

(1)在实施地线融冰前，必须预先测试地线(OPGW)的绝缘情况，在地线(OPGW)绝缘良好的情况下，方可按制定的接线方案通电融冰。

图 7.35　SJ202 分支塔及新增塔身地线挂点

（2）地线融冰是一种新型的主动抗冰措施，目前还处于试验、研究阶段，运行单位应加大线路巡查力度，对地线（OPGW）绝缘化改造后出现的新情况认真记录和分析，以便不断改进技术方案。

（3）由于地线融冰尚缺乏成熟的经验，建议融冰先选择局部段试点，取得成功后，总结经验再推广。

（4）云南昭通换流站地线融冰装置输出容量、电压及电流与地线融冰要求的匹配情况。

（5）施工完毕后运行部门应测试融冰段地线直流电阻。

（6）重点巡查部位：耐张引流线向地线支架上方引接的铁塔，巡查引流地线覆冰后对铁塔的间隙是否满足设计要求。

（7）融冰临时搭接线操作前，视地线带电，必须做好可靠接地。融冰时，地线必须是全绝缘的；不融冰时，是否接地由运行部门根据融冰方案的要求确定。

（8）实际融冰电流大小与融冰厚度、时间、风速及环境温度等有关。运行部门要根据沿线设置的在线装置实测外部气象参数，调整好融冰电压、电流，地线融冰电流不得超过地线的最大载流量。同时监测好地线上的融冰电流和地线（含 OPGW 光缆）温升及地线弧垂变化。

（9）融冰电压、电流及容量必须按各融冰段实测电阻进行校正。

（10）编制融冰安全手册，对可能发生的故障采取适当对策。

2. 融冰的基本操作

以普通地线侧第 1、2、3 融冰段并联一次融冰为例，操作建议如下：

（1）溪广±500kV 直流线路停运。检查接地点地线是否可靠接地。

（2）根据图 4.7 所示的分段点，检查确认 N1001A 铁塔两侧，N2042A 铁塔的左侧、N4037B 铁塔的右侧、N5018B 铁塔的左侧地线跳线是断开的。

（3）将门构侧 N1001A～N2042A、N2042A～N4037B、N4037B～N5018B 段前后端各一根地线用临时搭接线（地线融冰操作装置）分别接在拟定的导线正、负极上（需仔细辨别，分清融冰段前后端具体位置）。

（4）打开 N1001A、N2042A、N4037B、N5018B 融冰分段塔上的所有接地刀闸（或拆除接地线），即断开接地线。

（5）将云南昭通换流站融冰装置的正、负极相应接在导线上。

（6）融冰装置逐渐输出融冰电压、电流，并监控各地线上通过的融冰电流，实现融冰。

（7）融冰电流受外部气象条件影响大，线路长，气象条件存在差异，此外融冰电流理论计算与实际需要的融冰电流有差距，所以融冰中要根据沿线运行人员反馈的信息，调整融冰装置输出的电压、电流，同时监视好地线（含接续处、耐张线夹及 T 形线夹）的发热及地线弧垂的变化。

（8）地线融冰完成，退出直流融冰装置。

（9）检查地线及复合地线绝缘子（含间隙）情况，确认无异常，合上 N1001A、N2042A、N4037B、N5018B 融冰分段塔上接地刀闸（或接上接地线），即地线一端接地；拆除临时搭接线（地线融冰操作装置），地线恢复到正常运行状态。

☞参考文献

[1] 超高压输电公司贵阳局.500kV 线路地线（OPGW）全绝缘节能降耗与融冰技术研究与实施—技术报告[R].2012 年 3 月.

[2] 西南电力设计院.溪洛渡右岸电站送电广东±500kV 同塔双回直流线路地线融冰改造工程[R].成都：西南电力设计院，2013.

[3] 重庆大学.国家电网电力科学研究院.500kV 架空输电线路地线防冰措施[R].2012.

[4] 中国南方电网科学研究院.架空地线融冰技术分析报告[R].2012.

[5] 中华人民共和国住房和城乡建设部.中华人民共和国质量监督检验检疫总局.110kV～750kV 架空输电线路设计规范（GB 50545—2010）[S].北京：中国计划出版社，2010.6.

[6] 机械工程手册电机工程手册编辑委员会.电机工程手册（第二版）[M].北京：机械工业出版社，1996 年 9 月.

[7] 缪晶晶，刘蕊 . OPGW 分段绝缘和融冰技术的应用 [C] . 2012 年中国电机工程学会年会论文，2012. 11. 21.

[8] 周培，邓茜 . 高压直流输电线路及架空地线融冰实施 [C] . 首届直流输电与电力电子专委会学术年会论文，2012. 8. 1.

[9] 韦天恬，韦扬志 . 500kV 施贤线架空地线的绝缘化改造及融冰方法 [J] . 城市建设，2013(17) .